可持续设计译丛

为可持续而设计
——实用性方法探索

［英］ 特蕾西·芭姆拉 著
维姬·洛夫特豪斯

侯臻敏 译

中国建筑工业出版社

著作权合同登记图字：01-2014-4032号

图书在版编目（CIP）数据

为可持续而设计——实用性方法探索／（英）·芭姆拉，洛夫特豪斯著；
侯臻敏译．—北京：中国建筑工业出版社，2016.11（2025.5重印）
ISBN 978-7-112-19970-9

Ⅰ.①为… Ⅱ.①芭…②洛…③侯… Ⅲ.①产品设计—可持续性发
展—研究 Ⅳ.①TB472

中国版本图书馆CIP数据核字（2016）第239742号

Design for Sustainability: A Practical Approach by Tracy Bhamra and Vicky Lofthouse.

本书由Ashgate Publishing Limited授权我社翻译出版

责任编辑：段　宁　李成成
丛书策划：李成成
书籍设计：京点制版
责任校对：陈晶晶　李美娜

可持续设计译丛
为可持续而设计——实用性方法探索
[英]特蕾西·芭姆拉　维姬·洛夫特豪斯　著
侯臻敏　译

＊

中国建筑工业出版社出版、发行（北京海淀三里河路9号）
各地新华书店、建筑书店经销
北京京点图文设计有限公司制版
建工社（河北）印刷有限公司印刷
＊
开本：787×1092毫米　1/16　印张：9½　字数：196千字
2017年3月第一版　2025年5月第四次印刷
定价：39.00元
ISBN 978-7-112-19970-9
　　（28323）

版权所有　翻印必究
如有印装质量问题，可寄本社退换
（邮政编码　100037）

目 录

插图目录

表格目录

致　谢

本书综合了 15 年来关于可持续设计的相关研究、合作和信息交换的成果结晶。在这段时间里，通过我们和拉夫堡大学（Loughborough University）内外的多位优秀同事通力合作，终于完成此书。在此要特别感谢他们多年来给予本书的诸多批判性的思索与讨论以及在本书理念发展方面的卓越贡献。当然，我们同时也要感谢拉夫堡大学设计和科技系的同学们，通过他们的帮助，检验了很多构成本书的基础理念和原理。

我们还要特别感谢蕾切尔·库珀（Rachel Cooper）在本书编纂过程中和最终备稿阶段给出的宝贵建议；里卡多·维多利亚·乌里韦（Ricardo Victoria-Uribe）为本书提供了插图 1.1、2.1、4.1 和 4.2；丽贝卡·高泽丽（Rebecca Cawtherley）为本书提供了插图9.4；黛布拉·莉莉（Debra lilley）对于用户中心设计法（user-focused approaches）相关章节做出了贡献。

最后，我们也要感谢我们双方家庭的耐心与支持。

特蕾西·芭姆拉博士
维姬·洛夫特豪斯博士

序

　　对社会的关怀与思考，往往是设计师和工艺技师所关注的主题。的确，在英国，拉斯金（Ruskin）和莫里斯（Morris）在 20 世纪之交曾积极追寻求索，以求产品的设计与制造能够在材料层面更好地和道德及伦理价值相吻合，从而为社会带来更广大的利益。在那一整个世纪的时间里，设计的职业体系慢慢成长，逐渐从美术与工艺制造中分离出来。首先分化出商业美术设计师，接着是工业设计师、室内设计师等，与此同时，建筑设计一如既往地作为一个特有的专业领域，独立于设计界之外。同样是在这段时间里，西方经济体对世界资源的消耗与使用继续以惊人的速度增长，使得人类社会与我们生活的这颗星球都愈加脆弱不堪。

　　从 20 世纪 60 年代起，设计师们开始积极考虑设计之于社会能有哪些更深远的影响。若干尝试接踵而至：绿色设计和消费主义；责任设计与良知消费；生态设计与可持续发展；女权主义设计。在 20 世纪 70 年代，包括帕帕奈克（Papanek）在内的多人，开始号召并鼓励设计师们抛弃"为利润而设计"的做法，用更有同理心的设计取而代之。20 世纪 80 和 90 年代，利润与道德不再被认为是相互排斥的两件事，更多的市场导向设计也应运而生——"绿色消费者"以及道德投资的出现就是很好的例子。消费者刊物对可持续发展的研究和传播以及众多零售企业家，例如美体小铺（The Body Shop）晚些时候的安妮塔·罗迪克（Anita Roddick）的出现，积极促进了富有社会责任的购买行为和"注重道德伦理"的产品与服务的产生。无障碍性和包容性在设计中也越来越得到重视，而且最近，设计师们也开始关注并力图用设计解决和犯罪有关的问题。

　　与此同时，政府、企业与个人，都慢慢开始注意到我们在做什么——不仅是对这个世界，更包括对我们彼此。在努力解决国家经济与对抗贫困之间关系的同时，人权、可持续发展和伦理道德也统统成为受关注的主题。全球的企业都已经认识到了这种不断变化的环境，并开始制定自己的企业社会责任（Corporate Social Responsibility，缩写为 CSR）议程。世界企业可持续发展委员会（World Business Council for Sustainable Development）提出，企业社会责任（CSR）是指企业采取合乎道德的行为，在推进经济发展的同时，提高员工及家属、所在社区以及广义社会的生活质量（Moir，2001）。

如果各个企业和机构想要将这些想法变为现实，"设计"将是一个不可或缺的要素。

设计师每天都要根据能源的使用以及产品、地点、交流的风格与用途来作出决策。为了实现企业需求，满足消费者欲望，推动世界进步发展，设计师在作决策的时候必须考量到社会责任这一维度。但是，现在有必要将专注于单一问题的设计转型到用更加全面的方法做对社会负责任的设计这个方向上来了。本系列丛书汇集众多知名作家和学者，针对每一个主要社会责任方面分别进行撰文。本书是这一系列丛书当中的一册。本系列中的每一本书都提供了历史背景、主题出现的缘由、案例研究典范，并指出了在那里读者可以获得更多的信息和帮助。

特蕾西·芭姆拉（Tracy Bhamra）和维姬·洛夫特豪斯（Vicky Lofthouse）在环境设计领域进行研究以及教学工作已经 15 年了。这本书汇集了他们在这一领域多年来工作的成果结晶，深入分析了设计和设计师到底应该如何创造可以持续发展下去的未来。本书涉及的理论和工具，在主要针对产品设计、工业设计的同时，对其他很多需要考虑可持续设计的领域来说也是至关重要的。正是因为这样，可以说本书为协助设计师们去实践如何达成更加可持续发展的世界，提供了必要的参考。

由本书以及其他著作共同构成的这一系列丛书，虽说都可以独立成册、单独阅读，但是要深入理解设计师们之于社会的全部责任，还是要全面地考虑本系列丛书涉及的所有方面。然而，我们都十分清楚地意识到这一领域是时刻在变化和发展着的，设计师的主要职责也随时重新定义着他们在社会中的角色、他们能对社会造成何种影响以及他们可以创造一个怎样更加好的未来。

蕾切尔·库珀（Rachel Cooper）教授

英国　兰卡斯特大学（Lancaster University）

第一章 引 言

"的确有比工业设计更贻害无穷的专业，但非常之少……设计师们制造出来的全新种类的永久垃圾，层层堆砌于自然景观之上；设计师们选择的材料和制造过程，污染着我们赖以呼吸的空气：设计师已然成为一个危险物种……在这个被大规模制造业所主宰的时代，一切都要被计划、被设计，于是，"设计"作为人类塑造工具和环境（广义来说，还有社会和人本身）的途径，便成了最强大的工具。在这种情况下，就要求设计师要有较高的社会和道德责任感。"

维克多·帕帕奈克（p. ix, Papanek, 1985）

可持续设计是可持续发展战略全局中的一个方面。由于气候变化、饥荒、流行性疾病和贫穷这些世界范围内的危机已经纷纷体现在政治领域方面，变成了各种政治问题，所以，可持续设计近年来被媒体关注的程度相当之高。

可持续发展的进化过程可以用前后相连的三场浪潮来形容，这三场浪潮分别包含各自的波峰和波谷（SustainAbility，2006）。第一场浪潮发生于 20 世纪 60 和 70 年代。在这一时期，一些绿色运动和非政府组织（NGOs）开始兴起——例如"地球之友"（Friends of the Earth）和"绿色和平"（Greenpeace）——他们致力于通过政府政策和法规来推动变革。

第二场浪潮发生在 20 世纪 80 年代。在这一时期，一系列随柏林墙的倒塌接踵而来的经济危机和例如博帕尔事件和切尔诺贝利核事故之类的环境灾难，促成了一批法案的确立，也促进了一批与环境、健康和安全相关的新标准的形成。在这一时期，非政府组织（NGOs）利用若干备受瞩目的商业违规事件促进了公众辩论，从而推动了监管对策和市场反应的形成。商业行为中的"审计、汇报、参与"概念渐渐成为主流思路（SustainAbility，2006）。

第三场可持续发展的进化浪潮发生在新千年。中东及其他地区的骚乱扛着"反美主义"的大旗引领了反全球化运动的发展。第一届"世界社会论坛"，作为"世界经济论坛"的反对力量，汇集了来自世界各地的活跃人士和非政府组织。它宣传诸如贸易公正与债务等的各类问题，并在水资源短缺和开发问题上日益团结。在另一系列备受瞩目的商业惨败——如安然事件——之后，公司的治理和责任成为高层管理人员和金融市场的热点问题。与此同时，企业开始与非政府组织尝试建立新的伙伴关系，例如绿色和平组织和壳牌润滑油在约翰内斯堡可持续发展世界首脑会议上分享了同一平台。绿色和平组织也与伊诺基（Innogy）公司合资创建了 Juice 风电品牌，它最近开始使用产自巨大的海上风力发电厂的电力为国家电网供电（SustainAbility，2006）。

自从 20 世纪 60 年代维克多·帕帕奈克（Victor Papanek，1971）第一次将制造垃圾产品和用户不满程度归因于设计行业开始，很多环保圈子便越来越多地就我们这颗星球上的人为压力向设计与制造业问责。事实无需自证：80% 的产品在使用一次之后就被丢掉；99% 的所用材料在被使用的前 6 周就遭到废弃（Shot in the Dark，2000）。虽然说在针对产品的新环境法案颁布以后这种趋势有望改善，但问题依然存在——主流的产品设计耗费了稀缺资源去创造产品、去为产品供应能源，却往往很少或根本没有考虑到这样做对社会与环境会造成什么样的影响。

给"工业设计"下个定义

纵观整个 19 世纪，"设计师"曾是个含糊不清的词，它泛指很多职业：纯艺术家、建筑设计师、手工艺人、工程师以及发明家（Sparke，1983）。到了 20 世纪，设计行业才发展出今天我们所说的工业设计：由管理层控管的设计团队（Sparke，1983）。

工业设计是一个广泛而复杂的专业（Heskett，1991；Tovey，1997；Industrial Design Society of America，1999）。它的进化过程得益于英国工艺美术运动的深远影响，得益于在美国得到的发展，也得益于德国包豪斯设计学院的影响（Heskett，1991；Tovey，1997）。由于工业设计具有的这种复杂根基，它被形容成一个在艺术和工程间悠荡的钟摆（Ozcan，1999）。这的确是个很形象的比喻，它惟妙惟肖地形容了这个科目是被很多其他领域学科所影响的。其实这个比喻可以更加有力：如果可以，请你把工业设计想象成像钟摆一样的一个铅锤，正如图 1.1 所展示的那样。它被一系列有磁性的碟片所包围，而这些磁碟片则分别代表了影响工业设计的其他力量：商业、营销和消费者（Lofthouse，2001）。

图 1.1 影响工业设计的力量

在工业界，工业设计师要么就是在规模较大的组织内做专职效力于自己公司的"内部员工"，要么就是在设计咨询机构做设计咨询师，同时为多个不同的客户服务（Lofthouse，2001）。由于设计师可以分别发挥这两种职能，所以设计师是既可以参与到消费者方面又可以参与到工业产品方面的设计和开发当中去的（Lofthouse，2001）。本书将着重讨论消费类产品这一方面。在这一范畴内，工业设计师可以供职于广泛的工业领域，包括药业、包装业、电器和电子产品行业。由此可见，就消费类产品的性质和复杂程度而言，设计师们的贡献可说是千变万化。

可持续设计的诞生

可持续设计的概念诞生于 20 世纪 60 年代。在那个时候，惠普（Packard，1963）、帕帕奈克（Papanek，1971）、彭西培（Bonsiepe，1973）和舒马赫（Schumacher，1973）就已经开始批评现代的、不可持续的发展模式，并且建议作出改变。

可持续设计第二次大规模发展的浪潮出现在 20 世纪 80 年代晚期到 90 年代早期，并恰巧与绿色革命同时发生。这一时期，诸如曼齐尼（Manzini，1990）、伯劳尔（Burall，1991）、麦肯尼茨（Mackenzie，1991）和莱恩（Ryan，1993）这样的作家开始号召设计进行激进的变革。这股浪潮在 20 世纪 90 年代末期持续升温，并将可持续设计的理念在 21 世纪初广泛地传播开来。尽管设计师们长期以来都有着用自己的作品改善环境以及社会影响的动机和兴趣，但是由于工业界当时的大环境不理想，使得他们缺乏机遇。在 90 年代初期，只有诸如飞利浦（Philips）、伊莱克斯（Electrolux）、国际商业机器股份有限公司（IBM）、施乐（Xerox）这类的电子电气公司才开始推动工业设计师们在该领域的工作成果。虽然大型工业界已经逐渐开始致力于将环境和社会问题纳入产品开发过程中进行考量，但在商业设计界，这种顾全大局的思想却寥寥无几。

为可持续发展及其相关问题进行设计在当今的设计规划（design brief）中鲜有提及（Dewberry，1996；Lofthouse，2001）。因此，通常对设计师来说，很少有机会借自己的专业能力参与从环境角度以及社会角度都能够负起责任的设计项目。本书致力于改善这种现状，希望能通过这本书鼓励人们用更多样化的方式为可持续而设计。

在过去，"以身作则地为环境和社会进行设计"在设计学科的教学和训练过程中并没有特别地被鼓励过。但现如今，这一情况已经有所改变。举例来说，在英国，由慈善组织"实际行动"（Practical Action）开发和运营的如"STEP 奖"和"可持续设计大奖"（Sustainable Design Awards）这样的项目，就是为了分别鼓励在英国全国统一课程（National Curriculum）中关键的三阶和四阶（11～16 岁）以及达到 A 级（A-levels）的年轻设计师对可持续设计的意识和知觉而设立的。相似的项目还有 DEMI，可持续设计中心（Centre for Sustainable Design）的开拓性工作，金史密斯学院（Goldsmiths College）、拉夫堡大学以及"可持续设计工具箱"（Toolbox for Sustainable Design）的设立（Bhamra and Lofthouse，2004）。以上种种项目都是为了帮助其他讲师开发新的可持续设计课程而设立的，并且这些项目确实对现状有一定的改善。

如今，针对可持续设计的研究都已经稳固确立起来，虽然它还是个相对比较新鲜的领域。大多数的发达国家现在都开始以各种形式在可持续设计领域积极推行相关研究，涉及的问题包括立法的执行、生态创新、企业社会责任、产品服务体系、生态再设计、用户行为影响、可拆卸设计、逆向制造等。

设计面临的挑战

对于设计师们来说，所面临的挑战有一部分是要理解这项议程到底会涉及多么广泛的领域；另外，还要认识到在可持续设计的前提下，有哪些问题是可以解决的。在设计界，普遍存在着对可持续设计的相关问题缺乏认识的情况。设计师们需要自行去理解——甚至需要通过和他们的同事进行沟通，来弄明白——可持续设计不只是制造可以被回收和再利用的产品，或是使用回收再利用的资源制造产品那么简单。

可持续设计为设计领域提供了一个新鲜而广阔的环境。伯克兰（Birkeland，2002）在提出一种新版本的设计概念的时候，对此进行了如下概述：

- 责任——依据需求重新定义目标，关注社会 / 生态的公平与公正。
- 协同——建立积极的协同机制，从各种不同元素入手，促进系统的改变。
- 背景——重新评估设计公约与概念之于社会变革的意义。
- 整体——从产品整个生命周期的角度进行分析，以确保设计成果确实是低冲击、低成本、多功能的。
- 授权——以适当的方式促进人类潜能的发展和自给自足的能力以及对生态问题的理解。
- 恢复——对文明社会和自然世界进行整合，培养兴趣和好奇心。
- 生态效益——主动地把宗旨定位在增加能源、材料以及成本的经济性上面。
- 创意——代表一种新范式，它可以超越学科思想的传统界限，到达一个"新境界"。
- 远见——专注于愿景和成果，并设想适当的方法、工具、流程来传达它们。

建筑设计师威廉·麦克多诺（William McDonough）和化学家迈克尔·布朗加特（Michael Braungart，2001）提出，事后看来，其实工业革命的设计规划可以被换个说法重新表述一下。当时的我们其实是要设计出一个这样的设计体系：

- 数十亿磅的有毒材料被排放到空气、水和土壤当中；
- 衡量繁荣的标准是设计体系的活性，而非它是否符合传统；
- 需要上千条复杂的规定，来防止人们以及自然界过快地被毒害；
- 制造很多危险材料，以至于需要后世人时刻保持警惕；
- 产生数不胜数的垃圾；
- 在我们这颗星球上，很多珍贵的原材料被放进世界各地的洞里，而且永远不可能被回收；
- 侵蚀生物物种和文化习俗的多样性。

这些作为 20 世纪的遗产来说，略微显得不那么积极啊！

这本书旨在用对你进行启发和赋权的方式来改变现状，以扭转设计界对地球环境和社会问题的影响。希望这本书能在可持续设计方面启迪你，并向你展示更好的设计是怎么样改进世界的。希望将来在你进行设计的时候考虑到环境与社会，能让你在满足客户提出的要求的同时，做一个对这个日益脆弱的星球来讲，真正"有益"的设计。我们会帮助你成为一个能和可持续设计双剑合璧的设计师，开始改变这一切。

参考文献

Bhamra, T. A. and Lofthouse, V. A. (2004), 'Toolbox for Sustainable Design Education'. Available at: www.lboro.ac.uk/research/susdesign/LTSN/Index.htm (Loughborough: Loughborough University).

Birkeland, J. (2002), *Design for Sustainability: A Sourcebook of Integrated, Eco-Logical Solutions* (Sheffield: Earthscan Publications).

Bonsiepe, G. (1973) 'Precariousness and Ambiguity: Industrial Design in Dependent Countries' in *Design for Need* Bicknell, J. and McQiston, L. (eds.) pp. 13-19 (London: Pergamon Press, The RCA).

Burall, P. (1991), *Green Design* (London: Design Council).

Dewberry, E. L. (1996), *EcoDesign – Present Attitudes and Future Directions*, Doctoral Thesis (Milton Keynes: The Design Discipline Technology Faculty Open University).

Heskett, J. (1991), *Industrial Design* (London: Thames & Hudson).

Industrial Design Society of America (1999), IDSA web site. Available at: www.idsa.org.

Lofthouse, V. A. (2001), *Facilitating Ecodesign in an Industrial Design Context: An Exploratory Study*, Doctoral Thesis (Cranfield: In Enterprise Integration Cranfield University).

Mackenzie, D. (1991), *Green Design: Design for the Environment* (London: Laurence King Publishing Ltd.).

Manzini, E. (1990), 'The New Frontiers: Design Must Change and Mature', *Design*, 501, p. 9.

McDonough, W. and Braungart, M. (2001), 'The Next Industrial Revolution' in *Sustainable Solutions: Developing Products and Services for the Future* Charter, M. and Tischner, U. (eds,) pp. 139–50 (Sheffield: Greenleaf Publishing Ltd.).

Ozcan, A. C. (1999), Communication on the IDFORUM Mailbase. Accessed 8th June 1999, IDFORUM.

Packard, V. (1963), *The Waste Makers* (Middlesex: Penguin).

Papanek, V. (1971), *Design for the Real World* (New York: Pantheon Books).

Papanek, V. (1985), *Design for the Real World: Human Ecology and Social Change* (London: Thames & Hudson).

Ryan, C. (1993) 'Design and the Ends of Progress' in O2 *Event: Striking Visions,* Groen, M., Musch, P. and Zijlstra, S. (eds) (The Netherlands: O2).

Schumacher, E. F. (1973), *Small is Beautiful: a Study of Economics as if People Mattered* (London: Sphere Books, Ltd.).

Shot in the Dark (2000), *Design on the Environment: Ecodesign for Business* (Sheffield: Shot in the Dark).

Sparke, P. (1983), *Consultant Design: The History and Practice of the Designer in Industry* (London: Pembridge Press Limited).

Sustainability (2006), *Trends and Waves*. Available at: www.sustainability.com/insight/trends-and-waves.asp.

Tovey, M. (1997), 'Styling and Design: Intuition and Analysis in Industrial Design', *Design Studies*, 18, pp. 5-31. [DOI: 10.1016/S0142-694X%2896%2900006-3]

第二章 可持续发展导论

本章综述了可持续发展的历史进程，然后，对可持续发展的主要原理进行了介绍，并总结了它所面临的关键挑战是什么，继而，揭示了要达到这个目标，到底需要多大规模的改变。本章的最终目的，是解释可持续发展是如何以及为何会被安排到世界议程上如此重要之地位的。

可持续发展：历史背景

可持续发展这个词，是在我们如今所熟知的 1987 年的"布伦特兰报告"（Brundtland Report）中被首次提出的。它的定义是"既能满足我们现今的需求，又不损害子孙后代且能满足他们需求的发展模式"（World Commission on Environment and Development，1987）。然而，对环境和社会的关注开始得远远早于那个时候——它从 20 世纪 60 年代就开始稳步发展了，并最终导致了 1992 年举办于里约热内卢的第一次地球高峰会议。

1962 年：雷切尔·卡森（Rachel Carson）出版了她的著作《寂静的春天》（Silent Spring，1962），提请公众注意滴滴涕（DDT）的使用会使野生动物大量死亡这一事实。卡森是一位备受尊敬的作家，也是第一波指责这种被证实对防治疟疾和伤寒确有其效的"神奇"科技的人之一。不幸的是，人们发现滴滴涕对鱼类有剧毒，而同时，多种昆虫又能对其产生抗药性。滴滴涕的化学稳定性和脂溶性导致滴滴涕会随着时间的推移在动物体内积聚起来。卡森强调说，对我们还不完全熟知的自然系统妄加干扰，会造成一系列严重的环境后果，并会对人类健康造成不良影响。

1969 年：地球之友（Friends of the Earth）成立了。它作为一个非营利性宣传组织，致力于保护地球免于承受环境恶化的恶果，保藏生态、文化和民族多样性以及确保普通民众在发生重大决策时拥有发言权。

1970 年：第一个世界地球日（Earth Day），以环境保护为主题的全国宣讲会（national teach-in）在美国举办。在美国各地总共约有超过 2000 万人参与了和平示威。

1971 年：绿色和平组织在加拿大成立。它为使用民间抗议以及非暴力方式阻止环境破坏制定了积极的日程。同年，污染者自付原则（Polluter Pays Principle）由经济合作与发展组织（Organisation for Economic Co-operation and Development Council，简称经合组织，缩写为 OECD）介绍给大众。它首次责令导致污染的一方负担经济责任。同年，《只有一个地球》一书出版了。该书对于人类活动在生态圈造成的影响为人们敲响了警钟，但同时提倡以积极的态度面对，共同关注地球的未来可以让全人类共创美好的明天。

1972 年：联合国人类环境会议（United Nations Conference on Human Environment）在莫里斯·斯特朗（Maurice Strong）的领导下，于斯得哥尔摩举办。会议主要聚焦于欧洲北部的区域污染和酸雨问题，并导致了诸多国家环境保护机构以及联合国环境规划署（United Nations Environment Programme，缩写为 UNEP）的建立。同年，罗马俱乐部（the Club of Rome）出版了报告《增长的极限》（Limits to Growth）。这份报告极具争议，因为它预测了经济发展未能放缓会造成的严重后果。发达国家纷纷批评这份报告并未考虑到可持续发展可能的解决途径，而同时发展中国家也对它主张放弃经济发展而表现出愤怒。

1973 年：石油输出国组织（OPEC）发生的石油危机更加剧了关于限制经济增长的争论。同年，经济学家弗里茨·舒马赫（Fritz Schumacher）首次出版了他的新书《小即是美》（Small is Beautiful），指出了环境污染与经济发展是互相关联的。他提出了用适当的科技来为发展中国家解决问题的方法。他的理论饱受争议，但却是实践行动组织（Practical Action，其前身是中级科技开发集团，Intermediate Technology Development Group）建立的基础。这个组织至今仍然用他的理念在发展中国家推动项目发展。

1974 年：莫利纳（Molina）和罗兰（Rowland）在科技期刊《自然》（Nature）上发表了关于氯氟碳化合物（CFCs）的研究成果（Molina and Rowland，1974）。他们经过计算得出的结论表明，继续以现有速率使用氯氟碳化合物燃气，会导致臭氧层的耗尽。但直到 1987 年，《关于消耗臭氧层物质的蒙特利尔议定书》（Montreal Protocol on Substances that Deplete the Ozone Layer）才获得通过。

1980 年：国际自然保护联盟（The International Union for the Conservation of Nature and Natural Resources，即现在的世界保护组织，World Conservation Union）颁布了世界自然资源保护大纲（The World Conservation Strategy）。保护大纲中"向着可持续发展前进"一章，阐述了人类栖息地被破坏的主要原因，包括贫穷、人口压力、社会资源不平等以及进出口交换比例。书中提倡推行新型国际化发展策略，目标直指纠正财富分配不均的问题，建立稳定动态的世界化经济，刺激经济发展以及缓解由于贫穷所引发的相关的严重社会问题。同一年，美国总统吉米·卡特（Jimmy Carter）授权开展了面向 2000 年全球化报告（leading to the Global 2000 report）的调研。报告中第一次指出生物多样性是行星生态系统中最重要的特征。

1981 年：在世界卫生大会（World Health Assembly）上，与会人员一致同意，到 2000 年实现对全人类采用统一的全球策略提供健康保障。这项决议的通过强调了政府与世界卫生组织（World Health Organization）的主要社会责任，即提升全人类的健康水准，并因此使社会和经济产物可以延续和发展。

1982 年：《世界自然宪章》（World Charter for Nature）发表。宪章中提出，不论对人类有价值与否，任何形式的生命都是独一无二并且值得被尊重的。同时，宪章呼吁人们要意识到人类与自然之间密不可分的关系以及节制对大自然开采的必要性。

1983 年：联合国大会建立世界环境与发展委员会（World Commission on Environment and Development，缩写为 WCED），挪威首相格罗·哈莱姆·布伦特兰（Gro Harlem Brundtland）出任主席。

1985 年：世界气象组织（World Meteorological Society）、联合国环境规划署（UNEP）以及国际科学理事会（International Council of Scientific Unions）组织会议并在会议中报告了大气中二氧化碳以及其他"温室气体"积聚的问题，并预测人类在未来将遭遇全球性变暖。同一年，英国和美国的科学家发现了位于南极洲上空的臭氧层空洞。

1987 年：世界自然与发展委员会发布《我们共同的未来》，即《布伦特兰报告》（Brundtland Report）。报告将社会、经济、文化以及环境问题与全球性解决方案联系在一起，并且推广了"可持续发展"的概念。次年，政府间气候变化专门委员会（Intergovernmental Panel on Climate Change）建立，主要负责收集和总结科学、技术以及社会经济研究相关领域中最先进的研究结果。

1992 年："企业永续发展论坛"（The Business Council for Sustainable Development）——后更名为"世界企业永续发展委员会"（The World Business Council for Sustainable Development）——出版了《变化》（Changing Course）一书。该书为商业界建立了推动可持续发展实践的兴趣。同年，联合国可持续发展委员会（UN Conference on Environment and Development，缩写为 UNCED）——又名地球高峰会（Earth Summit）——在里约热内卢举办。《21 条原则》（Agenda 21）、《生物多样性公约》（Convention on Biological Diversity）、《气候变化纲要公约》（Framework Convention on Climate Change）《里约宣言》（Rio Diclaration）以及《非强制性森林原则》（non-binding Forest Principles）达成了协议。在这一年，地球理事会（The Earth Concil）在哥斯达黎加建立，并以此作为着力点，为在地球高峰会上达成的协定作后续跟进和执行，同时以此作为国家间各个可持续发展委员会之间的联系机构。

1993 年：联合国可持续发展委员会第一次会议召开。它旨在保障对地球高峰会有效的后续跟进，同时加强国际的合作，并理顺政府间的决策力。

1995 年：社会发展世界高峰会（The World Summit for Social Development）在哥本哈根举办。这是国际社会首次对消除绝对贫困做出了明确的承诺。

1997 年：在《联合国气候变化框架公约》第三次缔约方大会（the UN Framework Convention on Climate Change Third Conference of the Parties，缩写为 COP-3）上，各代表签署了《京都议定书》（the Kyoto Protocol），为降低温室气体排放设定了目标，为发达国家建立了排放权交易，为发展中国家建立了清洁发展机制。同年，联合国大会（UN General Assembly）回顾了地球高峰会的进程，并对在推广《地球高峰会 21 条原则》方面仅有的微小进展给出了清醒的提议。该次讨论没有得到令人耳目一新的承诺。

1999 年：第一个全球可持续发展指数（Global Sustainability Index）被推出，用以追踪世界各地领先企业的可持续发展实践。它被命名为道琼斯可持续发展指数（Dow Jones Sustainability Indexes）。道琼斯可持续发展指数给实施可持续发展理念的企业和寻找可信任的信息源来确定可持续发展投资的投资者，提供了一个有效的沟通桥梁。继而，"富时社会责任指数系列"（FTSE4 Good Index Series）提供了相同的服务。在1999 年 5 月,英国《可持续发展策略》（UK's Sustainable Development Strategy）出版了,并为可持续发展定义了四个目标：

- 社会进程识别每个人的需求。

- 对环境提供有效保护。

- 慎重使用自然资源。

- 维持高速而稳定的经济增长以及就业率。

2000 年：人们认识到如今接近一半的世界人口所生活的城市占有少于 2% 的陆地面积，却使用了 75% 的地球资源。

2002 年：第二届可持续发展世界首脑会议（The World Summit on Sustainable Development）在约翰内斯堡举办。期间，世界政府、相关公民、联合国机构、多边金融机构以及其他主要组织参与其中，并对自 1992 年联合国环境与发展大会（United Nations Conference on Environment and Development）以来的全球变化进行了评估。会议期间报告了如下内容：

- 全世界三分之一的人口生活的国家正遭受着中度乃至重度缺水的困扰。

- 发展中国家 80% 的疾病都是由使用被污染的水源所导致的。

- 12% 的鸟类、25% 的哺乳动物以及 34% 的鱼类都面临灭绝的危险。

- 世界死亡人口中，有 5% 是空气污染所导致的。

- 全世界有 1.13 亿的儿童没有机会接受基础教育，20% 的成年人是文盲，其中三分之二是女性。

- 人类对地球上的矿藏、木材、塑料以及其他材料的消耗，在 1960 ~ 1995 年之间增长了 240 个百分点。

此次高峰会的实施计划指出，如果要改变现状，所有的国家和部门都需要参与进来，用前所未有的水平来进行承诺与合作。超过 100 位世界领导人对可持续发展的纲要和实践纲领进行了再次承诺。来自多家跨国公司的商界领袖也对改变他们的做法，以更好地对社会和环境负责做出了承诺。会议结束时，与会人员就如下若干方面的合作签署了协议：水源与卫生，能源，全球变暖，自然资源与生物多样性，贸易，人权与健康。

人们普遍认为，可持续发展工作的进展远远慢于对它的需求，而这次世界高峰会签署的合作协议对我们需要做出的重大改变来说也只是草创未就。我们迫切需要世界各地的所有团体、政府、非政府组织、商业组织以及个人都行动起来。会议最后也提出了愿景:要改善现状,我们需要足够强的发展势头以及足够广的实施方针,共同努力,共创未来。

理解可持续发展

可持续发展是我们向可持续属性进发的途径。它有四个主要原则:
- 今日公平
- 环境公正
- 代际公平
- 协管意识

"今日公平"是指在今天活着的人当中,要实现不同人群之间的公平。这意味着同一个地区的消费与制造业不能破坏当地的生态、社会和经济基础,以保证该地区其他社群可以维持和稳步改善他们的生活质量(OECD,2001)。

"环境公正"是指不分种族、收入、阶级,或者社会经济地位的任何其他区别与特征,能让人们以相同的机会获得一个洁净的环境以及平等的保护(OECD,2001)。

"代际公平"主要指的是当代人与后代人之间的公平原则。言外之意就是,今日社会的不可持续的生产和消费形态会对未来社会的社会生态、社会和经济基础产生负面的影响,而可持续发展可以确保我们的子孙后代将可以实现与今天相同,甚至更好的生活质量(OECD,2001)。

"协管意识"可以被解释为人类要对地球上的其他生灵负起责任。一个可以持续的发展模式是有能力认识自然系统和支撑所有的人类系统的。由此,人类社会如果不以可持续的发展模式进行发展,是不能够正常运行的,并且,对于人类对自然生态系统的开发与利用方法是应该有明确限制的(OECD,2001)。

三重底线

很多描述把可持续发展形容成拥有"三大支柱"的一个整体(Elkington,1998):经济繁荣、环境质量和社会公平。这三大支柱是"三重底线"概念的重要组件(Elkington,1998),也被很多组织用来评估其自身对于社会的影响(Elkington,1998)。

经济底线

贸易公司很习惯在财务报表中列出财务底线,也就是扣除资本成本和折旧费用,只表达利润的数字。这也是一种标准化的会计实务。传统的会计会对各种数据共同进行记录和分析,而这种做法通常被看作是一种对环境和社会进行核算的模式。然而,很多人觉得即便是通过这种传统方法得出的报告，也需要做出改变，以达到新的可持续发展议程（Elkington，1998）所提出的要求。举个例子来说，各种机构组织需要考虑他们如何才能在未来很长一段时间内，保持经济上的可持续发展。

环境底线

各个机构和组织也应该考虑到他们对于环境的影响。这可以包括——除了其他相关事项以外——他们使用可再生和不可再生资源时对资源的消耗以及他们会产生、排放到空气中、土地中、水中的废物。由于人类社会没有环境是不能继续运行的，所以可以肯定地说，这是先决条件，而且是最重要的一个支柱（Nattrass and Altomore，2011）。

社会底线

正因为如此，各机构组织必须考虑到他们是如何对其所在社区的社会、伦理和政治气候产生影响的。关于公司企业的社会类议程，已经讨论很长一段时间了——如果我们把之前关于奴隶、童工和劳动条件的争议考虑在内的话（Elkington，1998）。此外，很多机构组织很明显考虑到了他们的社会资本，并确保他们进行了很好的投资。他们明白，如果他们受到公众的尊重与信任，他们就更容易吸引更好的人来为他们工作，最终获得成功（Nattrass and Altomore，2001）。

可持续发展面临的主要挑战

如今，当可持续发展已经被政府、学界以及业界广泛讨论的时候，在经济领域的重大改变仍然面临重重障碍和阻力，挑战依旧存在。特别值得指出的是世界各地人们收入比重失衡的问题。自1960年起，世界上最富有的五分之一人口得到的收入已经从世界人口收入中的70.2%上升到82.7%（Day，1998），而世界上最贫穷的五分之一人口得到的收入却从世界人口总收入中的2.3%降低到1.4%（图2.1）。这说明全世界的公平水平在下降。

我们可以把世界分成三个不同的经济发展类型：发达经济体、新兴经济体与求生经济体。发达经济体包括英国、美国、日本和德国。印度和中国属于新兴经济体，而苏丹和

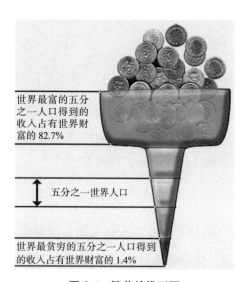

世界最富的五分之一人口得到的收入占有世界财富的82.7%

五分之一世界人口

世界最贫穷的五分之一人口得到的收入占有世界财富的1.4%

图2.1 繁荣的锥形图

塞拉利昂被认为是求生经济体。这三种经济体的每一种都面临可持续性方面的不同挑战，但都可以广义地归类于污染、消耗以及贫穷三大方面（Hart，1997）。

在发达经济体当中，可持续发展面临着很多挑战（Hart，1997）。特别是由于石油燃烧，森林砍伐，导致二氧化碳浓度增高，温室气体浓度开始随着时间的推移而上升。在制造业当中运用有毒材料，同时还导致了很多环境问题和污染地区的出现。

这种经济体当中存在的另一个主要问题是资源的枯竭。一个活生生的事实是在过去的 20 年内，日本、德国和美国的材料消耗总量上升了 28 个百分点。不仅如此，美国的能源消耗量预计在未来 20 年还要增长 20 个百分点。这些增长绝大多数都来源于对不可再生资源——石油的消耗。

在被发达经济体所代表的富裕社会，要消耗掉超过 75% 的世界能量和资源，并产生出大量工业垃圾、有毒垃圾和消费垃圾。发达国家的人口数量只有世界人口的 20%，却要对下列所有事情负责：

- 消耗的铝以及合成化学品占世界年产量的 85%；
- 消耗的纸制品、铁以及钢材占世界年产量的 80%；
- 消耗的商品能源占世界年产量的 80%；
- 消耗的木材占世界年产量的 75%；
- 消耗的肉类制品、化肥以及水泥占世界年产量的 65%；
- 消耗的鱼类和谷物占世界年产量的一半；
- 消耗的淡水占世界年产量的 40%；
- 产生的放射性废物占全球总放射性废物排放量的 96%；
- 产生的破坏臭氧层的氯氟烃占全球氯氟烃总排放量的 90%。

不仅如此，发达经济体除了消耗掉以上这些资源以外，还进行了一些不甚成功的再利用以及回收计划。这将导致更多的消耗以及浪费。贫穷在这些经济体当中也是一个问题。在城区的市郊以及某些少数种群、社群，失业率相当之高（Hart，1997）。

在新兴经济体中，可持续发展所面临的问题却截然不同。举个例子来说，新兴经济体中的污染大多是由工业释放的废料所导致的。但是，这些工厂受到的管制级别与发达经济体中的工厂所受到的不尽相同。于是，这些工厂排放出来的废物会导致水源污染，进而导致相应的环境问题，以至于危害人类健康。另一种类型的污染来自于污水处理设备的缺乏，这一情况进而又更加剧了民众的健康问题（Hart，1997）。

资源枯竭并不是高速消耗型的发达经济所特有的问题，新兴经济体同样面临着这一特殊的情况：对可再生资源的过度开发与开采。特别要指出的一点是，纵观全球，超过 10% 的地表土壤已经被侵蚀殆尽，由此导致可用的农田数量也随之萎缩。1997 年，世界五分之一的原有森林覆盖率都还保持着未被开采的原始状态；然而，39% 已经被正在进行着的，或者是计划要进行的人类活动所威胁。与此休戚相关的是，灌溉农作物所需的水源也遭到了过度的使用（Hart，1997）。

贫穷很明显是对可持续发展的一个重大挑战。在新兴经济体中，这一情况可以从较高的从农村去城市的移民数量上得到体现。这是由于农村人口对工作的渴望以及城市的相对富裕所导致的（Hart，1997）。然而，这些移民却通常由于缺乏相应技能，而导致得不到与他们的期许等同水准的工作。接踵而至的情况是，这类经济体面临着一些关键领域——例如医疗保健行业、教育行业、工程行业以及科技行业——的员工的技能缺失或不足。这种就业机会的两极分化导致了农村人口和城市人口的收入不平等，这在长远看来，对可持续发展是非常不利的。

求生经济体下的可持续发展也面临了诸多的挑战。粪肥和木材的燃烧产生的污染，直接导致了温室气体产量的飙升，继而在全球范围内产生影响（Hart，1997）。在这类经济体当中，缺乏良好的卫生条件很显然是导致严重后果的原因之一。

另一个导致污染的源头，来自于求生经济体中渐渐开始发展的工业。这些经济体正试图通过提高他们的发展速度来带给他们的人民更好的生活质量，然而，通常来说，这么做的结果就是导致生态系统的毁灭——环境污染以及资源枯竭。和新兴经济体一样，求生经济体也有着森林覆盖率降低，土壤侵蚀以及过度放牧的问题。

当我们审视新兴经济体所存在的问题的时候，我们看到，在这些国家生活的 32% 的人群是生活在贫穷当中的。当他们的人口持续增长的时候，可想而知，这一问题是不会在短时间内得到缓解的。另一个主要的挑战是：通常妇女在社会中的地位是比较低的，这就导致了她们不能得到公平的受教育机会和找工作机会，继而就不能决定自己的经济地位。妇女在贫困人口当中的比例很不协调：生活在贫困当中的人大约有 13 亿人口，而其中超过 70% 的人是女性（Novartis Foundation for Sustainable Development，2004）。

可持续发展的新动力

墨尔本皇家理工大学全球可持续发展研究所（RMIT Global Sustainability Institute）定义了六种可持续发展的新动力（Karlson and Smith，2005）：

1. 经济与商业机会：提高生产效率，制造产品细化分类，精益思想；全面质量管理，道德/社会责任投资，企业社会责任，降低消费者抵制的风险；非政府组织活动。

2. 环境危机：急需恢复自然资本，环境灾难，气候变化；荒漠化，有毒废料的排放；保险失控。

3. 保持预先调控：全球范围内；国家范围内；区域范围内。

4. 善用科技：信息和通信技术（ICT）；电子转移（ET）；空间数据（spatial date）；可再生能源。

5. 人与人口：增加发展中国家的人口数量，降低发达国家的人口数量，城镇化与移民。

6. 全球的不平等化：深化分裂；取得清洁水源的途径；卫生，贸易壁垒；自由贸易与公平贸易之间的对抗，环境难民。

大规模改变亟待发生

现在全球公认的是，如果要转变成一个可持续发展的社会形态，那么，大规模的改变亟待发生。我们可以通过去看看地球之友（Friends of the Earth）是如何描述环境空间（Environmental Space）的（McLaren et al., 1997），来理解到底需要以什么样的规模去改变。这种方法旨在帮助决策者利用关键资源的框架来设定缜密的可持续发展目标。这些目标是要帮助人们更好地利用资源，并且减少资源浪费。

这些目标的规模是如此宏大，以至于决策者必须面对这一挑战。不论他们是要制定强硬措施还是习惯于对政策进行演示与引导，这些目标都很好地展示了我们面临的可持续发展危机以及做出紧急而有效的回应的必要性。有一些国家，特别是丹麦、德国以及荷兰，已经开始使用环境空间的概念，并随之开始规划目标了。这些国家已经开始注意到，这样的目标会对商业和公众产生推动和激励的作用。通过对这些目标的采用以及逻辑分析，可以帮助政府去理解何种决策可能是不会受欢迎的，例如新的税收政策（McLaren, 1997）。

英国的环境空间目标			表 2.1
资源	环境空间（人 / 年）	需要降低的数量	2010 年的目标
铝	1 公斤	88%	22%
二氧化碳（排放）	1.1 吨	88%	30%
水泥	59 公斤	72%	18%
氯	0 公斤	100%	25%
建筑结构材料	2.3 吨	50%	12.5%
土地（英国平均质量）	0.26 公顷	27%	7%
钢材	26 公斤	83%	21%
水源	187000 升	15%	15%
木材（耗费的原木材料数量）	0.24 立方米	73%	65%

小结

总而言之，我们可以看到，可持续发展面临的挑战是由各国政府、非政府组织、个人以及专业机构共同分担的。可以看出，商业在其中的角色是重中之重，因为它是社会财富的主要制造方。至今为止，商界传来的信息都是积极的，而且从 20 世纪 90 年代开始，很多公司和企业就已经在某种程度上降低了他们对环境和社会的不良影响。很多这类改变都是自发的、志愿的，而不是迫于法律法规的压力。然而，这些改变还远远不够，而且根据很多非政府组织和个人的批评，商业依旧是很多环境破坏和社会负面影响的始作俑者（Nelson，2000；Dixon，2003）。特别值得指出的是，那些能够对全球经济产生影响的大型跨国公司是应该被关注的重点。很多政府、非政府组织以及个人，都在大力呼吁商业方面要做出更大的努力，来向可持续发展进发。在接下来的章节当中，我们将对为了可持续而设计的一些商业案例进行更详细的探讨，看看它们是如何用今日的改变去影响未来的。

参考文献

Carson, R. (1962), *Silent Spring* (Boston: Houghton Mifflin).

Day, R. M. (1998), 'Beyond Eco-Efficiency: Sustainability as a Driver for Innovation', *Sustainable Enterprise Initiative*, World Resource Institute. Available at: www.wri.org/wri/meb/sei/beyond.html

Dixon, F. (2003), 'Total Corporate Responsibility: Achieving Sustainability and Real Prosperity' in *Ethical Corporation Magazine*, December 2003.

Elkington, J. (1998), *Cannibals with Forks: The Triple Bottom Line of 21st Century Business* (Oxford: Capstone Publishing Ltd.).

Hart, S. L. (1997), 'Beyond Greening: Strategies for a Sustainable World', *Harvard Business Review*, 75:1, pp. 67–76.

Karlson, C. H. and Smith, M. H. (2005), *The Natural Advantage of Nations* (London: Earthscan Publications).

McLaren, D. (1997), 'Overcoming the Barriers to Effective National Sustainable Development Strategies: The Role of Environmental Space Analysis'. Available at: www.foe.co.uk/resource/articles/overcoming_barriers_space.html

McLaren, D. P., Bullock, S. and Yousuf, N. (1997), *Tomorrow's World: Britain's Share in a Sustainable Future* (London: Earthscan Publications).

Molina, M. J. and Rowland, F. S. (1974), 'Stratospheric Sink for Chlorofluoromethanes: Chlorine Atomic-catalysed Destruction of Ozone', *Nature* 249:5460, pp. 810–12 [DOI: 10.1038/249810a0].

Nattrass, B. and Altomore, M. (2001), *The Natural Step for Business: Wealth Ecology and the Evolutionary Corporation* (Canada: New Society Publishing).

Nelson, J. (2000), 'The Leadership Challenge of Global Corporate Citizenship', *Perspectives on Business and Global Change*, 14, pp. 11–26.

Novartis Foundation for Sustainable Development (2004), 'Women in Development'. Available at:

www.novartisfoundation.com/en/projects/right_health/backgrounds/ women_development.htm

Organisation for Economic Co-operation & Development–OECD (2001), *Sustainable Development: Critical Issues*. ISBN: 92-64-18695-6.

Schumacher, E. F. (1999), *Small is Beautiful: Economics as if People Mattered: 25 Years Later with Commentaries!* (Vancouver: Hartley and Marks Publishers).

World Commission on Environment and Development (1987), *Our Common Future* (New York: Oxford University Press).

第三章　可持续发展和商业活动

本章探讨了近年来，商业是如何开始正面应对可持续发展的挑战的，尤其是它描绘了一些被可持续设计所采用的不同方法与手段——这也是本书的重点。最后，本章也着重强调了一些推动为可持续而设计的主要相关法律法规。

可持续发展的商业化方案

可持续发展的商业化方案是一个在 20 世纪 70 年代首先出现，之后被世界企业可持续发展委员会（World Business Council for Sustainable Development，WBCSD）命名为"生态效率"的方案：靠降低公司运营的资源强度来削减成本。自从那时开始，局势产生了巨大的变化。在 2001 年，未来论坛（Forum for the Future）出版了他们的报告《可持续发展，因果不爽》（Sustainability Pays）。这份报告汇集了将近 400 份研究论文的成果，概述了与可持续发展有关的商业案例。在这份报告中，编纂者指出了四个用可持续发展政策能给公司带来财政利益的主要领域（Forum for the Future，2002）。

首先，它指出了龙头企业是如何靠先发制人来获得企业利益以及行业优势的。此外，各个组织可以靠解决社会以及环境问题展现其开明而有效的管理能力。这反过来也可以吸引投资和激励员工。如果公司以身作则地用实际行动体现业界良心，那么良好的声誉就会带来显著的利益，这也就增加了企业的无形资产。最后，参与可持续发展需要全公司上下的齐力革新，这可以大大刺激新的市场机遇的形成。

在 20 世纪 70 年代，很多公司纷纷开始积极采取行动，关注环境问题，寻找用何种方式把现有的实践改进得更加环保，最近更是对自己的运营会对社会造成何种影响多加关注。在早期，很多公司都致力于通过清理废物与污染，以避开巨额罚款。然而，随着时间的推移，很多公司开始意识到这并不是对付环境问题最节省成本而且行之有效的方式。于是，他们开始进行改进，实施"预防排放技术"（end-of-pipe technology）来预防生产过程中所产生的污染。再一次地，"情况可以被更进一步改善"的这种认识与日俱增——不仅是从环境保护的角度来讲，也是从财政的角度来讲——要从源头把关，重新设计生产程序来防止污染或废物的产生。这种方法被认为是更清洁的制造方法。

自 20 世纪 80 年代起，英国花费大量的政府资助，来推行"好管家"（Good Housekeeping）计划。这个计划靠关注生产或商业造成的地区污染来保存资源。很多这一类的工作都集中于通过评估检验生产使用的材料，生产之后产生的废料以及整个商业过程中消耗的能源，以此来进行开支方面的节省。由于在以上这些领域节省下来的所有开支都直接为企业削减了经济成本，这种方法很快变成了最受欢迎的企业行为方式。

自 20 世纪 90 年代起，很多企业纷纷开始进一步在更加清洁的制造过程的基础上，开始考虑怎样制造出更加符合可持续发展要求的产品。立法已经在某种程度上引导了这一趋势，但是在其他一些情况下，"考虑到可持续性而重新调整产品的设计"这一作为，确实可以提升公司形象。

商界对可持续发展的响应

各个机构组织需要理解它们具体应该怎样做，才能为可持续发展做出自己的贡献；还应该了解到，设身处地地如此考量可以为他们自身带来什么样的好处。对于很多机构组织来说，这很显然是一个需要在策略层面仔细考虑的严肃挑战。随之而来的是，很多方法和工具都被开发出来，以帮助各个机构组织理解可持续发展的原则纲要，继而在它们的业务中付诸行动。这一节要着重讨论其中最受欢迎的几种方法。

企业社会责任

企业社会责任（Corporate Social Responsibility，简称 CSR）是指企业需要考虑其所有利益相关人（stakeholders）需求的责任。利益相关人，是指那些会影响企业决策及行动，或者被其所影响的人。他们包括但不限于：员工，客户，供应商，社区机构，当地社区，投资者以及股东。

企业社会责任与可持续发展的宗旨是密切联系、息息相关的。它建议公司在做出决策的时候，不仅仅要基于对经济因素的考虑，而且还要考虑到他们的企业活动会对社会和环境造成的影响和后果。一些投资者已经开始在进行投资决策的时候将目标企业的企业社会责任纳入考量（即道德投资）。一些消费者也开始注意到自己购买的产品和服务来自于拥有怎样的企业社会责任表现的企业。这个发展趋势渐渐给企业带来了压力，使各个企业以在经济性、社会性和环境性上都更加可持续的方式来运行公司。

然而有一点很重要的是要把企业社会责任和慈善事业区分开来。因为在过去，很多企业常常花钱在社区项目上，还鼓励他们的员工志愿参与社区工作，但其实企业社会责任比慈善事业要更进一步，它要求企业在做出决策的时候，全面地考量他们对所有利益相关人以及环境的影响。这就要求企业平衡所有利益相关人的利益和企业自身的利益，在争取利润的同时充分回馈所有利益相关人。

来自世界企业可持续发展委员会（1999）的一个被广泛引用的定义这样陈述道："企业社会责任是企业承诺持续遵守道德规范，为经济发展做出贡献，并且改善员工及其家庭、当地整体社区以及社会的生活品质。"

五种资本

五种资本法（The Five Capitals Approaches）是一个被英国未来论坛（Forum for the Future）开发出来的，用以围绕可持续发展原则做出变化的工具。五种资本的模型使得公司在为可持续发展建立商业案例的时候，能够通过检查经济体系以及每个组织都需要的五种类型的持续资本，来维持正常的运行。这个模型用于将股份和资源的流动显示出来，因为它们与可持续的社会、经济以及组织都共同相关（Wilsdon，1999，Forum for the Future，2006）：

- 自然资本指任何能产生有价值的产品以及服务的股份、资本流动和事物。它分为以下几个类别：资源（resources），包括可再生资源（木材、谷物、鱼类和水源）以及不可再生资源（化石燃料）；洗涤槽（sinks），用来吸收、中和以及回收废物；流程（processes），例如气候调节。

- 人力资本包括健康、知识、技能以及积极性。所有这些都是有效率的工作所必须配备的。加强人力资本（例如在教育和培训方面进行投资）是繁荣经济的中心内容。

- 社会资本是被任何与人际关系以及合作相关的行为所附加的价值。社会资本以结构或制度的形式存在。它使个人可以在与他人的合作中维持和开发他们的人力资源，包括家庭、社区、商业、贸易组织、学校以及志愿组织。

- 生产资本由生产材料组成：工具、机械、建筑以及其他形式的基础设施。这些生产材料在生产过程中发挥作用，但并不成为产品的一部分。

- 金融资本在经济活动中占有重要地位。它反映了其他各种资本的生产力，使得它们可以被拥有以及被交易。然而，与其他几种基本类型不同的是，它没有内在价值。它的价值单纯地被其他几种资本形式——自然资本、人力资本、社会资本，或生产资本——所体现。

自然步骤

自然步骤框架（Natural Step Framework）是一种用来描述可持续性和测量可持续进程的方法。它是在1989年被卡尔·亨里克（Dr Karl Henrik）于瑞典建立的。自然步骤的目的在于通过根植于基础科学中浅显易懂的流程，来教导和支持一系列不同类型的组织可持续发展的系统性思考。这种以科学为基础框架的运用方式，可以使得组织机构开始理解可持续发展对于他们来讲意味着什么。这个框架为确定和分析问题提供了一个简单直白的方法。自然步骤框架构建在一套定义了可持续发展基本条件的科学系统上。它为那些试图用更加可持续的方法来发展的企业和组织提供了一套切实可用的决策流程（Nattrass and Altomore，2001）。

这套系统条件是，在一个可持续发展的社会里，自然环境在下列参数系统性地增加时，不会受到影响：

- 从地壳中提取的物质的浓度；
- 社会生产出的物质浓度；
- 用物理方式降解；
- 世界范围内，社会中的人类需求都被满足。

用自然步骤框架进行实践过的公司发现，这种方式不仅对环境和社会有益，而且也为企业带来了利益。

麦当劳和自然步骤

早在 1993 年，瑞典麦当劳就已经开始和自然步骤组织沟通，以帮助公司向更加可持续发展的方向改善了。自然步骤组织帮助麦当劳公司检查其最大的影响，并紧接着发动了一系列不同的可持续发展倡议。今天，瑞典麦当劳的 233 家门店的 75%，正用可持续发展的方式运营着：用可再生能源，供应有机冰淇淋、蛋糕和牛奶，回收 90% 的店面垃圾。它还降低了建筑和玩具中重金属的使用量，消除了超过 1200 吨的包装材料，削减了 85% 的垃圾，提振了员工士气——这些举措使得它们的服务更好，顾客也更开心。

回到美国总部的管理人员，已经开始注意到并提请自然步骤组织开始培训他们的高管，给他们提供可持续发展的工具，并借此对整个公司进行全面改善。同时带来的还有对它们整个生意形态的可持续发展分析以及因此导致的麦当劳建立的全球可持续发展食品供应链的视野。这意味着，麦当劳会教育他们的供货商，开始计划更多的可持续发展解决方案以及设定新的工业标准（The Natural Step，2003）。

生态效益

生态效益（Eco-efficiency）是一种鼓励商业探索环境改善，而同时又依从经济利益的哲学。它关注商业机会，却也引导公司变得对环境更加负责，更有利可盈。它通常被形容为"更少影响，更多价值"，或者"少花钱，多办事"。

生态效益的潜在机会，可能会充斥在整个产品生命周期当中的任何地方。然而，改进生态效益并不能自动引导到可持续发展。简单地改进与之相关的方面（固定单位的价值所带来的影响）可能仍然意味着行为导致的后果全面上升以及产生不能承受的伤害或者不可逆转的损伤。对生态效率而非效益的其他要求，明确突出了创新的重要性。批评家认为，逐步改善效率分散了创新需求的注意力，创新才是能真正达到对行为改进和改变的方法。他们认为聚敛财富对环境的蹂躏过于强烈，他们需要的是富足（sufficiency）而非效率（efficiency）。

商界关注生态效益的理由简单明了：生态效益之于商业，既可以增加企业效益，又可以提高企业效率。在企业中，生态效益可以运用在各个领域当中——从消除风险以及找到额外的节省方式，到确定机会并在市场当中实现它们。生态效益要求企业通过使用更少的材料及能源，减少排放，来实现更多价值。它的运用贯穿于企业，到市场、产品开发、制造以及分发等各环节世界企业可持续发展委员会 [（World Business Council for Sustainable Development），2002]。

生态效益有三个主要目标：

1. 减少能源消耗：这包括将能源、材料、水资源和土地资源的消耗降到最低，加强资源回收以及产品耐用能力，并且强化所用材料的回收再利用循环。

2. 减少对自然的影响：这包括将气体排放、污水排放、垃圾倾倒和有毒物质的散播都降到最低，同时使用可再生资源以保证可持续发展。

3. 增加产品或服务价值：这意味着要通过增加产品的功能、灵活性和模块化，为客户提供更多利益以及附加服务（例如维修、升级和替换服务）。另外，还需要关注如何把客户真正想要的功能卖给他们。售卖服务而不是售卖产品本身的做法，意味着有可能在客户得到相同功能的同时，却花费更少的材料和资源。同时，这一举措（增加产品或服务价值／售卖服务替代售卖产品——译者注）也可以改善对材料进行循环利用方面的前景，因为服务的供应方可以保有责任以及产品的所有权。正因为如此，他们会切实为产品的使用效率着想（World Business Council for Sustainable Development，2000）。

为可持续而设计

为可持续而设计可以为机构组织提供加强他们的可持续发展表现，同时提升他们的企业利润的机会。运用可持续设计的公司发现，这样做可以：

- 降低它们的产品／流程的环境影响。
- 优化原材料消耗和能源的使用。
- 改进垃圾处理系统／污染防御系统。
- 鼓励好的设计，推动创新。
- 缩减成本。
- 用预约现有价格期待、性能表现、成色质量的方法，满足客户需求，达到客户所想。
- 提升产品市场销路。
- 改进机构形象。

为可持续而设计还可以给建立企业未来产品和运营模式的长远战略形象打下基础。

总的来说，可持续设计是一种可以调控的力量，它可以塑造更多的可持续生产和可持续消费模式，而且可持续设计还可以给组织机构提供增加创新的机会，可以提供更强的竞争力，可以更好地为产品增加价值来吸引消费者，可以依靠降低环境影响和潜在责任的方式使企业更符合成本效益。

通过将为可持续而设计融入产品设计和开发过程中的方式，组织机构可以以新鲜的视角，观察已经建立的实践过程，从而寻求新的思路和解决方案。举例来说，可能带来的结果有：

- 新产品和 / 或新服务的概念。
- 更新换代的生产技术。
- 提升员工参与度和满意度。
- 更高的员工创新能力。

对具有可持续特性的产品和服务的全球需求也在持续增长。可持续设计与产品设计的结合可以帮助企业满足这些日渐增长的市场需求，增强它们的产品在市场上的区分度，提升企业形象，赢得新的客户以及吸引投资。

为可持续而设计通常可以从整个产品生命周期的各个阶段中识别出哪里有降低成本的机会，并确保能够将成本降至最低。

通过降低产品对环境的影响，为可持续而设计帮助了很多公司确保遵守环保法规，根据未来有可能出台的新环保要求降低不确定性，实现更和谐的社区关系以及为更好的地方、区域和全球环境做出贡献。

最后，为可持续而设计能够为企业提供一个契机，借此更系统地审视他们的商业。关注产品生命周期的设计，能帮助公司创造出产品设计、供应链管理、销售 / 市场这三者的清晰关联，为跨学科团队持续改进产品提供了一个机制。对于企业进行系统审视所能带来的益处，我们会在第七章详细讨论。

法律法规

法律法规是为可持续而设计的一个关键推动力。接下来，将介绍欧盟（EU）倡议的若干关键项目。

欧盟"生产者责任延伸制度"的立法现在已经适用于汽车领域、电子电气产品领域、包装和电池领域，并有望延展到未来的其他更多产品门类上。日本也有相似的立法，叫作"家电回收法"（Harl）。这一立法在 2001 年 4 月开始启用，要求企业在生产阶段运用 3R 衡量法（减少废物，回收利用，循环再造）管控生产流程。这包括设计、用标签标记不同的分类以及发展产品寿命终止后的回收系统。

在美国，很多个人表明他们已经开始倡议对处理废弃电子产品的细则进行立法。

相关案例包括:

- 阿肯色州计算机和电子固体废弃物管理法案（Arkansas Computer and Electronic Solid Waste Management Act）——要求州立机构制定和实施关于管理贩售过剩电脑设备和电子产品的计划。
- 加利福尼亚州电子废物回收法案（California Electronic Waste Recycling Act）——对电子产品销售课收"预付回收费用"。
- 加利福尼亚州移动电话回收法案（California Cell Phone Recycling Act）——规定经销商如果销售没有收集、再利用或回收利用计划的手机，就属于违法行为。
- 弗吉尼亚州的阴极射线管回收计划（Virginia Cathode Ray Tube Recycling Program）——鼓励阴极射线管和电子产品的回收行为。

在全美范围内，更多的州立法律现正在制定当中，并有望在不久的将来一一生效。然而，在联邦层级上，美国国家环境保护局（Environmental Protection Agency，简称美国环保署，缩写为EPA）更倾向于不依靠立法，而是通过发动相应程序，来鼓励垃圾回收行为以及推动设计流程改进和制造过程的改善（EPA，2006）。

报废车辆指令

自2006年1月1日起，在英国报废的车辆必须要经过某些固定流程进行回收。这一立法包含了所有报废车辆（end of life vehicles，ELVs），不论它们是否还安装有原来的组件。对于特殊目的的车辆（救护车、消防车等）有一些例外。报废车辆指令（ELV Directive）从欧洲联盟发出，并要求所有成员国必须执行这项立法，以保证所有报废车辆都通过经授权的拆解处理，以迎合新的环境治理标准。整体来说，这项立法的目的是增加报废汽车的回收率与再利用率，达到2006年每台车辆以85%的比例进行回收，并对其中80%的零件进行再利用。这组数字有望在2015年达到95%和85%（Department of Trade and Industry，2004a）。另一个关键目标是保证车辆制造商在设计车辆的时候关注回收再利用这一点，并严格控制或者禁止使用有毒有害物质。

自从2007年1月开始，生产厂家要负担执行该指令的全部（或主要部分）的费用，这包括从消费者一方回收报废车辆以及回收的费用。

废弃电子电气设备指令

2005年，新加入英国立法系统的废弃电子电气设备指令（Waste Electrical and Electronic Equipment Directive，缩写为WEEE）要求所有电子电气制造商都要对其生产的超过使用寿命的电子电气产品承担财政责任。主要目的是减少土地填埋电子垃圾（electronic waste，缩写为e-waste）的数量（2004年的土地填埋电子垃圾是年均100万吨；Holdway and Walker，2004）。所有不遵守这一规定的公司都不能继续在欧洲各国贩售它们的商品。唯一可以例外的是营业额不足 200 万欧元并且员工少于 10 名的超小型公司。制造商必须安排并支付拆解、回收、再利用和回收报废电子电气设备的费用。以上这些都必须通过环境无害化方式来完成。

废弃电子电气设备指令特别为 10 项不同类别的电子垃圾制定了再利用 / 再循环以及回收目标。表 3.1 列出了这些类别及其相关目标。

这一立法在 2007 年 7 月的英国开始实行，而其他欧洲国家，例如丹麦、荷兰以及德国，也紧随英国的脚步，开始履行这条法令。很多制造商已经不得不被勒令收回自己若干年前生产的产品。

在欧洲联盟指令中规定的废弃电子电气设备指令（WEEE）分类及相关回收再利用目标

（European Parliament and the Council of the European Union，2003） 表 3.1

	回收目标	再利用 / 再循环目标
类别 1. 大型家用电器（例如电冰箱、冰柜、洗衣机、烘衣机、洗碗机、厨用电烤炉、电子炉灶、微波炉、电子加热器、电风扇、空调器）	80%	75%
类别 2. 小型家用电器（例如电动吸尘器、电动地毯清洁机、电动缝纫机、电动针织机、电动织布机、电熨斗、烤面包机、电炸锅、电动粉碎机、电动咖啡机、电动开瓶器、电动封瓶器、电刀、电动理发器、电吹风机、电动牙刷、电动剃须刀、电动按摩器、电子钟、电子表、电子秤）	70%	50%
类别 3. 资讯和电信设备（例如大型计算机、小型计算机、打印机单元、个人计算机、个人电脑、笔记本电脑、打印机、复印设备、电子打字机、口袋计算器、台式计算器、传真机、电话机、电子应答系统）	75%	65%
类别 4. 消费类设备（例如收音机、电视机、摄像机、录像机、高保真录音机、音频放大器、电子乐器）	75%	65%
类别 5. 照明设备（例如除家用照明器以外的荧光灯照明器,直管荧光灯灯具,弯管荧光灯,高强度气体放电灯,包括高压钠灯和金属卤化物灯,低压钠灯）	70%	50%
类别 6. 电子电气工具（大规模固定工业工具除外）（例如电钻,电锯,缝纫机,电动旋转设备,电动铣床,电动打磨设备,电动研磨设备,电动铆接设备,电动钉钉设备,电动拧转设备,电动卸除铆钉、钉子或螺丝的设备,电动焊接设备,电动软焊设备,电动喷涂设备,电动涂抹设备,电动割草机）	70%	50%
类别 7. 玩具、娱乐和运动器材(例如电动火车或赛车套装、手持电子游戏主机、电子游戏、自行车电脑等,有电子电气组件的运动器材,投币老虎机)	70%	50%
类别 8. 医疗设备（所有植入类产品和感染类产品除外）（例如放射治疗设备、心血管设备、血液透析机、呼吸机、核医学、用于体外诊断的电子实验设备、分析仪、冷冻机、怀孕检测仪器）	70%	50%
类别 9. 监测和控制仪器（例如烟雾探测器、加热调节器、温控器、家用测量称重或调节设备以及同类型实验室用设备）	70%	50%
类别 10. 自动售货机（例如热饮售货机、瓶装罐装售货机、固体产品售货机、银行自动柜员存储机）	80%	75%

另外，有一个附加条例是有害物质限制指令（Restriction of Hazardous Substances Directive，缩写为 RoHS Directive），该规定对有害物质在电子产品中的使用进行了详

细限制（详见附录）。

包装及包装垃圾指令

欧盟包装及包装垃圾指令是关于将浪费最小化和规定需要回收的包装材料数量的一项指令，它对能源的回收、包装的再利用和回收起到了推动和设定目标的作用。

这项指令设定了如下目标：包装垃圾的总体回收率要达到60%，包装垃圾的回收和再利用要达到55% ~ 80%（Department of Trade and Industry，2005）。这项指令与众不同的地方在于，它特别将问题链接到了设计业，用设定包装"必要要求"的方式，规定包装不达标者不能进入英国市场。这项要求提纲挈领地指明了包装的问题在设计和生产制造阶段就需要被考虑进去。特别是包装袋体积和重量都必须要最小化，以保证必要程度的安全、卫生，同时要保证产品可以被完好包装，并且消费者也能够接受的程度。包装必须是可以按照特定需要进行回收的。包装里面任何形式的有毒有害物质都必须将排放量限制到最小：不论结果是灰烬还是渗液，手段是焚烧还是填埋（Department of Trade and Industry，2005）。

英国是少有的几个在法律中积极实施该基本要求（Essential Requirements）的国家（除英国外，还有法国和捷克共和国）。英国政府制定了全面综合的指导文件，以帮助企业实现这些要求（贸易与工业部，Department of Trade and Industry，2004b）。

电池指令

电池指令是欧洲法律中一条正在拟定商议的草案。该草案的目的是要最大限度地提高分类收集和回收废旧电池和蓄电池的数量，并要减少城市废物流中的废弃电池和蓄电池的数量。这项法令的关键要求之一是对部分便携式镍镉电池（医疗设备、应急照明及警报系统中的电池除外）实行禁令。另外，该指令为电池的回收量设定了目标：法令在英国实施4年后，回收率要达到便携电池年销售额的25%；8年之后，增长到45%。该法令还规定，禁止对未经处理的汽车以及工业电池进行填埋或焚烧（欧洲联盟理事会，Council of the European Union，2005a）。

耗用能源产品指令

欧洲联盟现在正在为耗能产品（Energy using Product，缩写为EuP）指令制定一套框架。该框架旨在为耗能产品设定能源效率以及其他生态设计方面的要求。这项指令将应用在任何使用能源来完成工作的产品上，不过这里的"能源"有可能仅指电能以及固体、液体和气体燃料。这项议案和废弃电子电气设备指令（WEEE）的主要区别是：不仅是整体产品的制造商，就连零部件制造商都会受影响。此项指令鼓励制造商仔细审查他们的产品的整个生命周期，进行环境评估（欧洲联盟理事会，2005b；贸易与工业部，2005），以考虑：

1. 原材料使用。

2. 购买。

3. 制造。

4. 包装，运输，分发。

5. 安装与维修。

6. 使用。

7. 寿命结束。

评估包括对材料和能源的消耗，排放至环境，预估垃圾以及回收和再利用的方式。在评估之后，还需要确保产品设计会考虑该评估的结果，将产品或零部件对环境的影响减低到最小。

综上所述，欧洲联盟希望确保履行以上要求以及法令的产品，能够通过促进货物的自由流动以及提高产品质量和环保程度，为企业、商家和消费者赢取双重利益。

小结

关于可持续发展的思潮以及商界所使用方法的性质从 20 世纪 70 年代开始就已经相当成熟。总的来说，如今的商业领域已经对可持续发展给予了一个较为积极和正面的看法。现在，配合社会责任的做法以及可持续发展报告已经在所有工业部门推广开来，众多公司热衷于在这个领域强调他们所付出的努力。股票市场也开始注意英国的"富时社会责任指数"（FTSE4 Good Index），同时，美国的"道琼斯可持续指数"（Dow Jones Sustainability Index）在市场内也有着相当深远的影响力。

本章概述了一系列商家、企业。这些商家、企业所设计和制造的产品对可持续发展的实现担负着责任，而且，也可以利用为可持续发展而进行的设计让现状发生显著的改善。

参考文献

Council of the European Union (2005a), 'Directive of the European Parliament and of the Council on Batteries and Accumulators and Waste Batteries and Accumulators and Repealing Directive 91/157/EEC'. Available at: www.dti.gov.uk/sustainability/ep/Latest_Council_draft_March05.pdf

Council of the European Union (2005b), 'Establishing a Framework for the Setting of Ecodesign Requirements for Energy-Using Products'. Available at: www.dti.gov.uk/sustainability/EuP_OJ_Text_July2005.pdf

Department of Trade and Industry (2004a), 'End of Life Vehicles (ELV)'. Available at: www.dti.gov.uk/sustainability/ELV.htm

Department of Trade and Industry (2004b), 'Packaging (Essential Requirements) Regulations Government Guidance Notes'. Available at: www.dti.gov.uk/sustainability/Essential_Req_Guidance_Notes.pdf

Department of Trade and Industry (2005), 'EC Packaging and Packaging Waste Directive 94/62/EC'. Available at: www.dti.gov.uk/sustainability/packaging.htm

EPA (2006), 'Activities Promoting EPA's Goals for Electronics'. Available at: www.epa.gov/epr/products/ele-programs.htm

European Parliament and the Council of the European Union (2003), 'Directive 2002/96/EC of the European Parliament and of the Council of 27 January 2003 on Waste Electrical and Electronic Equipment (WEEE)' in *Official Journal of the European Union*, pp. 1–15.

Forum for the Future (2002), 'Changing Business: How Forum for the Future Engages with the Business Community' *Forum for the Future*, 28, p. 28.

Forum for the Future (2006), 'Visioning and Strategy'. Available at: www.forumforthefuture.org.uk/business/businessvisioning_page94.aspx

Holdway, R. and Walker, D. (2004), 'The End of Life as We Know It' *Engineering Designer*, Mar/Apr, pp. 7–8 (Faversham: Deeson Group Ltd).

Nattrass, B. and Altomore, M. (2001), *The Natural Step for Business: Wealth Ecology and the Evolutionary Corporation* (Canada: New Society Publishing).

The Natural Step (2003), 'McDonalds Corporation Case Summary'. Available at: www.naturalstep.org.nz/downloads/International_Case_Study_pdfs/TNSI_McDonalds_corp[1].pdf

Wilsdon, J. (1999), *The Capitals Model: A Framework for Sustainability* (London: Forum for the Future).

World Business Council for Sustainable Development (1999), *CSR: Meeting Changing Expectations*, pp. 1–36 (Geneva: World Business Council for Sustainable Development).

World Business Council for Sustainable Development (2000), *Eco-efficiency Creating More Value with Less Impact* (Geneva: World Business Council for Sustainable Development).

第四章　设计新焦点

产品开发流程中的设计阶段对最终产品的影响力达到了 70%（Fabrycky，1987）。因为在这一阶段需要做出很多相当关键的抉择：成本、外观、材料的选择、创新点、性能表现、环境影响以及质量。质量又包括产品寿命、耐用性、修复性能等。由此可见，对于产品即将对环境和社会造成的冲击，产品设计师有着史无前例的机会对其进行干预和影响（图 4.1）。

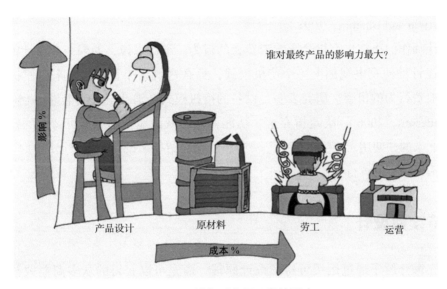

图 4.1　设计师对产品开发的影响

然而，伴随着机会而来的，是责任。作为设计师，我们的影响范围是惊人的，而且，我们作的每一个决定都过滤着受此影响的人、事、物。一个关于戴尔灵越 600m 笔记本电脑（Dell Inspiron 600m notebook，一款笔记本型电脑）创作过程的新闻报道清晰地描绘出了设计师所作的决定是如何形成余音绕梁、经久不息的后续影响的。该报道呈现了在产品开发过程中，从北美，到欧洲，再到亚洲的约 400 家参与进来的公司所构成的庞大供应链（Friedman，2005）。

我们的决定对社会与环境的影响——不论是积极的还是消极的——都可以波及全球。举个例子，我们所指定的材料，其性质和实质都会影响到提供劳动力来开发、加工、运输这些材料的社区以及被这些行为影响到的土地资源。这些决定可以带来积极的社会影响，例如提供可靠的劳动力和公平的收入来源，从而改善医疗保健和教育情况。然而，它也可能会带来一些消极的社会影响，例如薪酬不公、童工问题、奴隶问题以及内战（Cellular news，ND）。

由于设计师是业界和市场之间的连接者、人类与产品的交互者，所以他们必须要负起更多的责任。设计师可以直接地影响人们买什么，为什么买的决定。这些决定反映了人们对于生活方式的看法以及他们在世界上的相关地位。生活方式与人们选择何种身份，人们想让自己成为谁以及人们想让他人怎么看待自己息息相关。通常，这可以通过他们选择的消费品的材料、审美以及象征性意义被表达出来。生活风格是一种可以呈现出人与人之间区别的行为模式。这些信息会被映射到传统的阶级社会范畴上：阶级、收入、年纪、性别和种族——也或者超越了以上这些。为实现可持续发展而做出的设计，可以引导人们扪心自问，他们通过自己做出的购买决策，想要获得什么？通过正确的训练，工业设计师有机会影响用户的态度和意愿，从而降低用户的消费水准（Sherwin and Bhamra，1998）。

设计师作的决定也有机会影响消费者的行为。举例来说，如果一个设计师想要为她正在设计的便携电视加上一个待机模式，那么这就意味着她为未来用户提供了一个做出浪费行为的机会。研究表明，设备的待机模式会消耗全部用电量的8%（Smith and Henderson，2006）。决定摒弃这一功能就能够默认地鼓励更加可持续的行为。在本章接下来的"使用所产生的影响"一节里，会介绍很多设计师可以运用的不同方式，来鼓励用户的可持续行为。

为可持续而设计

第三章介绍了通过运用可持续设计原理，商家可以获得的众多商业效益。要最有效地获得这些益处，需要从战略阶段就作出决策。对于关系到产品生产制造的公司来说，这意味着他们的设计师必须更好地理解他们所制造的产品对环境和社会都有哪些负面影响，进而理解如何才能作出所需要的改变，开发出对可持续商业有贡献的产品。商业的最终目标，应该是设计和开发出既有利润，又对环境和社会负双重责任的产品。

生态设计以及可持续设计

多年来，环保理念经历了从绿色设计进化到生态设计，再进化到可持续设计的过程（表4.1）。

好的设计会确保产品：含有合理数量的材料和部件；消费者的健康和安全问题都被恰当考虑过；产品功能恰当、有效，并能清楚地传达给消费者；"风格"恰如其分；正确地符合了人体工程学的要求以及遵守了法律法规的要求。生态设计更进一步，它关注怎样在产品生命周期的各个阶段降低产品对环境的影响。

环保设计理念（environmental design philosophies）的分化（differentiation）　　表 4.1

绿色设计	绿色设计关注一些独立问题，例如对再生塑料、可回收塑料以及对能源消耗的考量。
生态设计	每一个设计阶段都加入了对环境的考量。
可持续设计	对环境影响（例如资源利用、产品寿命终结的影响）和社会影响（例如可用性、使用负责性）进行双重考量的设计类别。
可持续发展	可持续发展更多地被认为是我们要前进的方向，而非到达的目的地。

如图 4.2 所示，在产品开发方面，产品生命周期包含了产品从"摇篮到坟墓"的整个寿命流程。这包括：从提炼原料到制作产品，制造流程；产品的分发、使用以及在产品寿命结束以后它会发生什么。生态设计致力于在以上每一个阶段进行改进，以优化其对环境的影响。

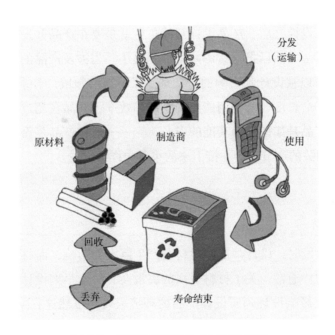

图 4.2　各因素对产品生命周期的影响

可持续设计更上一层楼：它包含了对社会问题的关注和考量，例如产品的可用性，对社会负责任地使用，关注人本需求的来源与设计。然而，以上问题中的很多都通常被列入其他问题进行考量，例如人体工程学、包容性设计、关注老年人的设计、反犯罪设计。由于它们不在可持续设计的职权范围内，本书不会涉及。此外，某些社会问题，例如可持续采购、伦理融资、道德劳动力资源，也都超出了设计师可控的范围，设计师们需要从战略层面去处理。另一方面，通过关注需求的方式，我们可以用一种截然不同的方法去接近可持续设计。

本章将关注设计师在产品的整个生命周期中，是通过怎样的方法来减少环境和社会影响的。接着，再看看怎样靠需求去驱动设计。

产品生命周期

"设计师可以对产品造成举足轻重的影响，因为他们负责对一系列关键决策作出抉择。他们要决定材料的选择，产品可以被使用多久，产品使用能源的效率以及产品能够被回收和再次使用的概率。"（p.68；Mackenzie，1991）

对环境的影响会在产品生命周期的任何阶段发生。但是，要知道哪里能够发生最大的影响，还要看产品本身的性质。柚木材料的花园家具，对环境的影响最有可能发生在原材料提纯的时候；而对家用电器来说，最大的环境影响莫过于其在使用期间对能源的消耗（Environmental Change Unit，1997）。

当参与了生态设计之后，产品设计师的角色就是要在产品开发阶段把每个环节对环境的影响考虑进去，然后把这些影响降低到最小。当涉及产品的设计和包装时，有某些关键领域是可以被设计师影响的，特别是以下这些领域：原材料的选择、产品的使用方式、产品寿命长度、所使用能源的类型和效率、产品在超过使用寿命期限之后会被怎样处理、产品是如何传递功能的以及首先——这种产品是否是必需品。与以上这些领域的决策相关的细节，会在接下来的小节中详细讨论。

材料选择

当还在学生阶段时，设计师可以对材料产生巨大的影响，而材料的选择是在产品开发时期就决定的。通常，关于材料规格的决策会有一个早期设计规划，这个规划会在相当大的程度上影响设计师所设计产品的环境表现。虽然这在某种程度上是事实，但环境选择的自由度取决于被设计产品的性质以及产品所属的工业领域。举例来说，由于行业监管的要求，医疗器材或者制药设备的设计师通常被限制只能在设计当中使用某个级别的高分子型材料。同样道理，给大型制造商，例如伊莱克斯，进行核心产品重建工作的设计师，就会被限制只能使用某些类型的材料，例如在 20 世纪 90 年代，伊莱克斯的政策对在制造厨具的过程中用到的钢材有特别的规定。设计师们并不是只需要注意材料选择的问题，他们还有责任考虑更重大的问题。真的需要设计出这样的产品吗？如果需要，要怎么样才能更好地传递这种需求呢？这些问题都将在本章接下来的部分中加以详细探讨。

设计师经常会问环境科学家们的一个最普通的问题是："什么材料才是最好的呢"？很遗憾，这个问题可不是一个能被一言以蔽之的简单问题。每一件产品都有其不同的需求，因而它们对其材料的选择要求也不尽相同。这些需求，例如产品功能、计划寿命周期、需要达到的审美水准，都对产品最终在何种程度上能实现环保有着千丝万缕的影响。设计师最关键要掌握的技能是：试图去理解材料到底需要什么样的性能，继而据此来选择搭配材料，而且要注意到，有些材料的性能比其他材料要更有利。

主流材料

大多数主流产品都是由塑料、玻璃或金属制造而成的。塑料，例如聚丙烯（PP）、聚乙烯（PE）、聚对苯二甲酸乙二醇酯（PET）、丙烯腈 - 丁二烯 - 苯乙烯（ABS）、聚苯乙烯（PS）；金属，例如铝和钢。虽然以上这些材料都是不可再生的，但是钢材、铝材、PE、PET、ABS 以及玻璃，都可以被简单而经济地回收再利用。这些材料同时也具有出色的结构质量和制造品质，这些品质是其他类型的材料所不具备的。塑料这种材料的第一原则，是保持其结构的简单。一方面，使用越多的染色剂、增塑剂、阻燃剂和其他添加剂，这种塑料的环保价值就越低。然而，另一方面，这些物理性能如延展性、防火性和抗紫外线性可能又对材料的表现有着至关重要的影响。换句话说，我们必须做出妥协（Datschefski，2004）。由于陶瓷比起塑料或金属，通常具有低得多的能源消耗值，所以它们可以给恰当的用途提供具有更高可持续性能的材料选择，例如陶瓷刀以及陶瓷材质的引擎部件（Datschefski，2004）

生物可降解材料

生物可降解材料可以在其使用寿命结束之后，通过自然发生的化学反应分解成其他的组分。虽然它们也许源自天然或者合成材料，但天然材料——例如用淀粉或者聚乳酸等植物原材料制造的生物塑料——远比石化变种材料更受欢迎，因为后者浪费了那些原本可以被回收的自然资源。

生物可降解材料如今被运用在袋子、餐具、笔、衣物、信用卡、食物包装、农用薄膜、茶包、咖啡滤纸、尿布以及餐巾的大规模制造上（Datschefski，2004）。然而，需要注意的一个关键事项是，如果要被降解，材料通常需要经历一系列特殊的环境条件。除非是消费者已经被告知他们需要把他们的包装、餐具或信用卡放在天然堆肥之上，并在鼓励之下采取相应的行动，否则该产品是不可能被生物降解的，而该材料的功能性也就随之被浪费了。

来自华威大学（Warwick University）的工程师和高科技材料公司——PVAXX 研究开发有限公司（PVAXX Research and Development Ltd）以及摩托罗拉（Motorola）进行合作，创造出了一款可以放在堆肥中自行降解的手机壳。该款手机壳经过数周的时间，就可以自行分解，并释放出一粒种子，继而生长成为一朵花（图 4.3；University of Warwick，2004）。

图 4.3　可以自动降解成堆肥的手机壳

华威大学授权转载

可再生材料

可再生材料，诸如木材、羊毛、纸张、麻、皮革、剑麻、黄麻、棉花以及生物塑料，都是取材于自然的、可以自行产生的材料。如果利用得当，这种材料和金属或塑料比起来，会拥有更良好的可持续属性，因为后者是从矿石和石油中开采出来的会消耗地壳有限矿藏的材料。

可再生材料同样也比合成材料寿命更长久、更耐用，并为产品提供了更强的客户黏性和更长的使用寿命。

树质体（Treeplast）是一种自然的、可再生的、可生物降解的材料。它是利用50%的木屑，加上粉碎玉米和天然树脂制成的，其中不含塑料成分。它具有各种版本，包括完全生物可降解版本以及防水版本。它可以被制成木材的外观，并且拥有与中密度纤维板（MDF）相媲美的优良性能。它自然的外观提供了一种有意思的沟通机制。树质体也可以被挤压打碎成颗粒，继而在传统的塑料流程机械中进行加工，为塑料制造商提供了一个有趣的替代品（图 4.4；PV Design and Engineering BV，2001）。

图 4.4　树质体

再生材料

很多主流材料都可以，或其实已经含有再生材料的成分。有些材料在回收再生之后会被降级制造成为较低质量的材料，而钢材、铝以及玻璃，可以被回收并当做相同属性的原材料使用，用以再次制造高质量的材料。回收来的塑料，如果作为高质量垃圾，进行处理之后——在单一材料流中分离，在回收之前清洗——可以在随后的使用中保持原先的许多特性。回收塑料如果作为降级材料，从混合的材料流中分离，也仍然可以有效而经济地纳入隐藏组件的生产之中——并不会有任何质量损失。回收再生的复合材料是回收过程中的潜在产物，例如利乐板（Tectan）是一种类似纸板的材料，它由回收来的利乐包饮料纸盒再生而成。然而，虽然复合材料为再生材料制造了重要的再利用市场，但是有一点我们必须要认清，那就是复合材料本身是很难——或几乎不可能——再被回收利用的。

有毒材料

避免使用有毒材料永远是明智的选择。欧洲有害物质限制指令（European RoHS Directive）的前言部分（详见附录）引出了在电子电气设备上使用某些有毒物质的禁令。随后的废弃电子电气设备指令（WEEE Directive）的前言部分（已在第三章中列出）指出，在 RoHS 指令所禁止的有毒物质的基础上，企业还需要确保如下零部件必须要在产品废弃之前被移除：电池、大于 10 平方厘米的印刷电路板、硒鼓打印机碳粉盒以及阴极射线管。因为以上产品零部件均含有有毒材料（详见附录 1）。

材料的多样性

虽然制造产品时只应用到一种材料几乎是不可能的（由于摩擦力或聚合力的需求），然而在设计中运用尽可能少的材料种类的确是一种很好的实践方式。减少你制定的不同种类材料的数量，能够帮助提升产品在寿命结束之后回收之前的处理效率。一件产品，或主要由一种材料构成的子组件，在其寿命结束之后的拆卸流程并不需要像其制造过程中的、由许多不同组成部件组装起来的装配步骤那么复杂。

材料的数量

通过合理的凹纹设计来减少产品制造过程中使用材料的数量是一种常见的、优秀的实践方式。这种做法可以减少制造中消耗的成本，创造更高效的生产实践方式，而且更加节能、更加环保。例如：

- 减少填埋垃圾的数量；
- 保护原始资源；

• 降低产品的体积和重量，从而减少成本消耗，节省运输资源。

产品使用所产生的影响

对于家用耗能产品来说，根据人们使用产品的不同方式，产品的使用阶段是会对环境和社会造成显著影响的（Environmental Change Unit，1997；Sherwin and Bhamra，1998）。举例来说，用洗衣机洗衣服对于环境的影响就直接和洗衣服的频率、一缸要洗多少衣服、洗衣时所选择的洗衣模式以及用多少洗涤剂这些变量是直接相关的（Sherwin and Bhamra，1998）。同样，烹饪对于环境的影响直接和饮食习惯（肉食者还是素食者）以及烹饪者的烹饪习惯息息相关。这些烹饪习惯包括但不限于：平底锅在使用中是否加盖子，烹饪时烤箱预热多久、蓄热多久，烹饪时烤箱的门要被打开多少次（Sherwin and Bhamra，1998）。

使用阶段，也是设计师有机会通过生活方式和消费习惯，直接影响用户行为的一个途径。有个摆在设计师面前的、等待被利用的机会，可以教会消费者做出更负责任的行为。要利用这个机会，就要使用以设计为中心的方法，或者以用户为中心的方法，又或者结合以上两者的综合方法，去进行设计。

以设计为中心的方法

以设计为中心的方法可以决定一系列不同的问题，例如能量来源，能源效率，双重功能，耗材使用。

能量来源

大多数传统的消费品都是使用电池提供能源，或者使用插销插入电源来提供能源的。这些方法都是利用不可回收的化石燃料作为能量来源的。如果传统能源形式是必需的，那么电源插销的形式比较好，因为它可以减少废旧电池丢弃引发的"寿终影响"（the end of life impact）。如果必须要使用电池的话，有很多不同形式可供设计师选择。一次性碱性电池或者锂电池最好避免，因为它们的寿命很短。镍镉（Nickel Cadmium，简称为 NiCad）充电电池也最好避免，因为它们含有剧毒的镉元素。最好的电池种类是可充电的镍氢电池（Nickel Metal Hydride，简称为 NiMH）、可充电锂离子电池（Lithium Ion）和可充电碱性电池（Datschefski，2004）。

设计师可能也需要考虑到使用可再生能源的问题，例如动能、太阳能、风能和潮汐能。在过去的十年间，这些形式的能源开始被广泛运用于一些关键的市场：

• 应急设备——手动供能／人力发电（muscle powered）或太阳能支持的应急灯、无线电、手机充电器。

• 户外设备——太阳能支持的加热设备、照明设备以及饮水设备。

• 家用电器——太阳能支持的加热设备和烹饪设备。

• 地方议会设备——在阳光充裕地区的太阳能街灯。

虽然对化石燃料的消耗已经被替代能源向"免费能源"方向靠近了一步，但还是有一些回弹效应需要被考虑到（回弹效应是指依靠技术进步提高能源效率的幅度与一家公司、一个部门或一个国家的能源强度的下降率不等同的现象。简单来说，就是由于能源的单位价格下降，导致用电方更多地使用能源，而最终导致能源的总消耗量上升的情况——译者注），例如太阳能电池板的生态影响。最好的给产品供电的方法是人力发电/手动供能（muscle power），因为它的回弹效应相当有限（Datchefski，2004）。

虽然索尼和飞利浦推出的 Baygen 发条收音机以及相似产品的问世帮助消除了一些人力动能产品的"嬉皮"感，但这类产品仍然无法给人带来很"酷"的感觉。由于这个问题，加之另外一方面，与人力供能产品经常相关的使用上的不便，意味着这一科技形式的应用可能比较有限。

本·曼沃宁（Ben Manwaring，在他于华威大学学习期间）设计的"日出"露天桌，通过 12 块镶嵌在透明桌面里的太阳能板收集太阳能，并将收集而来的太阳能与一个充电控制器以及一块 12V 的电池相连，以储存太阳能，供夜间照明使用。在白天进行充电的时候，中心照明灯位置向下。需要的时候，轻按中心的圆拱顶部，中心照明灯就被开启了。中央的圆柱通过内置气压支撑杆的推动被升起，接着自动被点亮。18 枚白色 LED 灯泡以刚刚好的角度排列起来，均匀地照亮桌面。设计时，特地将该系统设计为阴天时候可以使用，在全天充电的情况下，可以提供 6~8 小时的照明（Lofthouse，2000）。

图 4.5 "日出"露天桌

华威大学授权转载

能源效率

可以通过运用新科技提高能源效率的方式，来达到降低产品使用阶段对环境的影响的目的。引入欧盟能源标签（EU Energy Label），可以对这种方法起到一定的鼓励作用。拿飞利浦公司举例，该公司将他们生产的标准显示器的能源消耗降低到了整个市场的最低程度（Philips，1990）。然而，一些用户意想不到的行为使得技术干预在减少使用阶段的影响方面受到了挑战，从而导致其成功的潜力备受阻碍，无法发挥（Lilley et al.，2005）。像飞利浦显示器那样颇有裨益的改进设计，有可能由于用户一直把显示器留在开启模式而前功尽弃（Lilley et al.，2005）。同样道理，一台额定能量 AA 级别（AA energy rated）的洗衣机，可以设定 40℃的洗衣温度，但如果有用户仍然选用 90℃的洗涤温度，那么这种优势可能会被一笔勾销。

双重功能

如果创造出一种产品，兼容了多种功能，例如如果一款移动电话，既可以让用户打电话，又可以浏览网页，还可以拍照片，存储数据，那么它就拥有降低环境影响的潜力。因为其拥有的多重功能，可以减少用户购买产品的数量。这里的一个明显的回弹效应是由于一个新产品拥有众多功能，使得用户丢弃了很多功能依旧正常但其功能却被新的多功能产品所取代的旧有产品。或者，用户可能会得到他们本来不想要，或不需要的功能，抑或是用户已经拥有的某个产品其实可以将这种功能发挥得更好。

耗材

公司政策有可能鼓励用户浪费得更多，特别是当把一大重点放在"耗材"推销上的时候，而限制使用产品所需的一次性"耗材"或"配件"的数量可以积极地帮助降低这种影响。如果耗材是必备的，那么就要通过设计确保它们是可以被轻易拆卸回收、再利用的，就像如今很多打印机硒鼓、墨盒的情况一样。

以用户为中心的方法

以用户为中心的方法关注的是通过用设计改变用户行为方式的手段，降低产品的环境和社会影响。其包含的方法有：生态反馈、行为引导以及智能产品与系统（Lilley et al.，2005）。相关研究给出的建议是：综合使用以上方法可以得到最好的效果（Lilley，2007）。

生态反馈

生态反馈是这样一种方法：它旨在通过产品提供给用户充分的信息，来说服用户改变他们的行为模式，以做出更好的选择（Lilley et al.，2005）。要想使该方法生效，实时反馈的提供是很必要的，它可以保证其提供的信息可以整合到用户决策过程中去（McCalley，2006）。

澳大利亚皇家墨尔本理工大学（RMIT）设计的 Kambrook Axis 电水壶很好地展示

了这种方法的应用（RMIT，1997）。在开发 Axis 电水壶的时候，设计纲要的关键要求是减少其使用期间的能量消耗。在发现这个问题不能通过技术来合理解决之后，设计团队针对用户行为进行了研究，看看是否能够在效率问题方面找到答案。研究结论是：用户通常偏向于向水壶添加比所需更满的水量，开启电水壶开关，离开做些别的事，5 分钟后再回来，在使用开水之前重新煮开一次水壶中的水（RMIT，1997）。这些调查结果使得设计师可以定出三种新方法来降低这款水壶的能源消耗量：将水量刻度制作得更加清晰，而且移动到水壶上方；将水壶腔体制成双层，以保温更长时间，减少重新烧水所消耗的能源；加入水温计，从而让用户分辨重新烧开壶中热水的必要性（Sweatman and Gertsakis，1996）。

另一个很棒的例子是 2000 年，为 Viridian 设计大赛生产的 Viridian 灯光开关（Viridian，2000）。该灯光开关运用了一个概念性的想法。它的目的是通过帮助用户认识到他们使用了多少能量，给予用户一些教育意义。该概念设计的目的是每次按下开关，灯会在固定时间长度内保持开启状态。传递给用户的方式是在开关板上有一个指纹形状的指示灯。随着时间的流逝和能源的消耗，指示灯的灯光慢慢变弱直至消失。这个概念旨在通过将能源和时间联系起来的方式，帮助消费者对他们使用了多少能源有一个更好的认识（Lofthouse，2003）。

然而，虽然生态反馈的方法提供给消费者一些信息，使他们有可能改变他们的行为，但是这些信息并不保证一定能改善他们的做法。

行为转向

可以运用"行为引导"（Behaviour steering）或者"剧本"（scripts）的方法来鼓励消费者依照某种方式履行其行为（Jelsma and Knot，2002）。通过激励机制与规则机制，鼓励被期待的行为，限制和摒除不被期待的行为（Jelsma，2003）。在发现他们的客户为了得到好结果而使用了多于需求用量的洗衣粉的时候，联合利华公司（Unilever）把他们的产品从传统的粉状改进成了片剂，以防止消费者使用过多的洗衣粉。这一举措增加了洗衣服的效率，同时减少了能源消耗（Unilever，2001）。

智能产品与系统

智能产品与系统尝试通过缓解、控制、阻止用户的不适当行为，来规避回弹效应（Lilley et al.，2005）。举例来说，IDEO 的"音乐手机"通过强制地大声播放出用户想要拨打的号码音，来限制过度使用。在另一则研究当中，着重关注了打电话时手机通过何种不恰当的表现，可以表达出它被过度使用了。该研究提出的情况包括：自动切换到免提通话、挂断正在进行中的通话、摇晃、声音不清以及震动（Lilley，2006）。在最终设计当中，电话用发出红光、在短时间内关闭电话所有功能的方式，来表达它被过度使用了，使得电话可以冷却一段时间。

以用户为中心的方法要么可以强制用户按照更为环保的方式履行自己的行为，要么可以积极教育用户做出更负责任的行为。强行不向用户提供做出不当行为的机会，有可能非常有效，但缺点是在选择自由上的缺乏会导致认知意识上的缺乏。随之而来的问题："是教育用户，却存在一定的失败风险比较好，还是强制阻挡他们，得到环境改善，却助长环保意识的不成熟比较好。"（Lilley，2006）

产品使用寿命

确定产品的最佳寿命是另一项可以影响产品整体环境表现的决策内容（Cooper，1994）。在大多数案例当中，寿命更长的产品使用了更少的材料和能源以及更少的制造资源。这些都是由于延长了的寿命，从而放缓了珍贵资源，如石油和铜的枯竭速度，最终减少了污染，降低了垃圾排放量（Cooper，1994）。尽管如此，产品在达到它们技术上的寿命终止之前就变旧或过时是一种相当常见的情况。或是因为它们不再时尚，已经被更先进的科技所取代，或是因为它们坏掉了并且维修起来不甚经济（Cooper，1994）。可抛弃的特性开始变为一种对消费者有益的产品指标（Mackenzie，1991）。很多先前被设计成可以持续使用很多年的产品现在被有意地改进成为更短寿命的产品（Mackenzie，1991）。

延长产品生命周期

产品生命周期，或产品的"寿命"，可以通过一些途径得到延长。设计出的产品，如果可以用较经济的方式进行修理，或升级成能够与最新科技产品比肩的产品，那么，产品寿命就能得以延长。这在个人电脑领域是一种相当常见的方法。额外的内存条（RAM）和新的硬件，都可以通过 USB 接口轻松添加。或者，产品寿命可以通过返厂再制造得以延长——翻新重置使用过的产品，或者零部件，使得它们的状况与新产品相差无几（Lewis et al.，2001），或者通过 Freecycle 这样的论坛（www.freecycle.org），将旧的但是依旧具有功能的产品传递到二手市场，以得到再利用。举例来说，洗衣机可以为它的原始购买者持续工作 8 年，然后再为接下来的用户提供 6 年的服务（Cooper，1994）。

耐用产品带来的效益

有着更长寿命的、更耐用的产品，也会为制造它们的公司带来效益。通过利用不同的经营模式以及设计出长寿产品，公司可以得到更多的经济利益。例如在施乐（Xerox）的案例当中，厂家通过出租而非出售他们的影印机的方式，选择稳抓产品的内在价值，他们设计并开发了更高规格的机器，使得机器寿命更久，然后将这些产品出租给他们的客户。这些方法同样可以增加客户对产品的忠诚度，提升服务质量以及协助品牌发展。

限制产品寿命

最后，还有一个很重要的地方需要我们认识到，那就是：并不是在所有情况下延长产品寿命都是好事。就拿电冰箱来说，由于紧缩的法律法规要求以及能源标签的引入，最近几个 5 年区间生产出来的电冰箱有着比 20 年前制造出来的电冰箱要低得多的能量消耗水平。因此，按照常理来说，将旧冰箱丢弃然后制造新的冰箱，和让旧冰箱继续工作比较起来，前者事实上是更加环保的做法，因为两种电冰箱的工作效率不同。

还有一些情况下，恰当而故意地设计出寿命较短的产品反而可以让环境更加受益，有些产品——比如塑料购物袋和牛奶盒——都只需要比较短的寿命周期。

产品寿命终结

设计出在寿命终结之后，能够被有责任感地处理好的产品，一直以来都是环保设计运动的一个重中之重。最近几年来，得益于废弃电子电气设备指令（WEEE Directive）的前言部分（此指令的概况详见第三章），这一问题在政治议程上被给予了越来越重要的地位。废弃电子电气设备指令（WEEE Directive）的前言部分着重关注电子电气产品，为处理寿命终结的产品垃圾的策略给出了四点提议：产品再制造、零配件重新利用、回收以及能源回收。为了方便处理电子垃圾（e-waste），废弃产品必须首先拆卸成零件，以避免任何污染问题。

产品拆解

有 4 种不同类型的产品拆卸方式：
- 机械拆卸
- 自动拆卸
- 手动拆卸
- 主动拆卸

当设计拆卸类型的时候，关键是要在早期设计阶段就定义好到底期待这件产品以什么方式来弃置，然后将这种弃置方式设计进产品的机械结构当中去。这样才能快速而简单地达到目的。

机械拆卸

机械拆卸会与下列两者其一相关：

- 粉碎 / 分割——将产品研磨成小部分，继而分类成为有色金属（铁、钢、镍），混合重金属（非有色金属）以及垃圾；
- 打碎制粒——该工序可以减小体积，可运用于处理生产废料、消费后的塑料包装、工业零件，或者其他必须被减小体积以继续进行其他工序的材料。

自动拆卸

自动拆卸只有在大量拆卸相同或相似体积产品的时候才是经济有效的手段。它需要引入生产线和自动化机械，来分离提前已经确定需要再利用或再制造的零件和材料。如果要使用自动拆卸这一方式，那么设计师需要谨慎考虑产品中所使用的紧固件类型。特别是要注意，紧固件的数量需要尽可能地减少，因为拆卸它们通常既困难又花时间。另外，紧固件还必须可以以简单的反转动作拆下，这样，自动机械才能拆除它们。

手动拆卸

手动拆除用于多种情况之下。从在自动拆卸工序之前移除有毒材料、移除零部件以回收或再利用，到为了替换坏掉的零部件或为了升级产品进行的拆除动作，都属于手动拆卸的范畴。和自动拆卸相比，大量处理相似产品时，手动拆卸会昂贵很多。但是当处理不同型的少量产品时，手动拆卸就显得更加灵活，因为它可以以较高回收率回收有用的材料和零部件。

在产品结构当中引入某些机制以后，手动拆卸的经济效益就会得到大幅度提升。这些机制包括（Goldberg，2000）：

- 固定件，例如卡扣、夹扣、推扣，而不是使用永久固定件。
- 有毒零件组合在一起，成为一个次级组件。这样，在最小化程序时，它们就可以被简单地统一拆除了。
- 减少零件数量。
- 紧固件连接点要容易接近，能被看见，并被清晰标记出来。
- 使用简单化的组件。
- 将卸除零件所需要的力减少到最小，以加快拆卸速度。
- 运用简单化的产品结构。
- 确保拆卸点明显易见。

主动拆卸

主动拆卸旨在自动地或半自动地运用智能材料（Smart Material），例如形状记忆合金（Shape Memory Alloys，缩写为 SMA）以及形状记忆聚合物（Shape Memory

Polymers，缩写为 SMP）来进行产品的拆卸。形状记忆合金以及形状记忆聚合物在某段温度变化区域内可以改变其形状或大小，以便于零件的卸出。"触发温度"的幅度对于不同材料是不同的，因此就使得这种情况成为可能：将产品放置在一个适当加热的环境当中，使产品的外部零件脱开，之后再将产品移动到一个温度更高的环境，以让内部子组件被拆除。

智能材料在拆卸工序中的运用可以使拆卸流程的经济效益得到前所未有的大大提升，因为它加速了大规模零配件的产量，而且使得不同产品在同一设施上被拆卸成为可能（Chiodo et al.，2000）。对于移动电话的研究表明，使用了主动拆卸方式之后，一部手机的拆卸工序只需要花掉 8 秒钟，而且在这个拆卸过程中，主产品没有受到任何损坏（Chiodo and Boks，2002）。主动拆卸很有可能会成为对于移动电话或咨询产品来说最有用的拆卸方式，因为这两类产品都有着很高的内在价值（更多细节详见第六章的诺基亚案例研究部分）。

产品再制造

产品再制造是将使用过的产品或者零件进行修复，以使其达到和新产品相似的表现水平的过程（Lewis et al.，2001）。这种做法可以延长产品寿命，推动零部件和材料的再利用。这个过程通常来说包括 5 个阶段：手动拆卸、清洁、重新装配、零件翻新以及测试。

产品再制造在复印机、电动工具、吸尘器和园艺设计以及娱乐设施领域，是一种普遍的方法。在这些领域，时尚类的变化是最小的。但是，在家用产品方面，这种方法却不常用，因为这类产品有着风格上以及相关科技上的快速更迭，分散和不可预测的二手货供应以及用户对于翻新产品的偏见（Henstock，1988；Lewis et al.，2001）。

零配件重新利用

重新使用你自己的或者他人的零部件对于减少产品寿命终止之后对环境的影响是一个既经济又有效的策略。尤其是对于高价值零部件或者耐用零部件以及看不见的静态零件来说，非常有效。所以，有些方法就可以列入考虑范围了。例如那些被定义为能够再利用的零部件，在设计阶段就要整合起来，用灵活的连接件进行连接，以方便将其简单而安全地拆卸下来，不造成任何损伤。另外，理解需要被再利用的零部件的预期寿命周期以及如何监测这一过程，也很重要。综上所述，要进行零配件重新利用，就必须对以下问题给予考量：如何将零件回收和重新使用？每年 / 月会有多少零件能得以回收？零件在投入重新使用之前要如何清洁和检测？最后，如何将这一过程整合到现有的制造流程当中去？第六章的柯达案例研究为如何成功地完成这整个过程提供了一个很棒的例子。

回收

回收是指材料或者零部件从产品方提取出来准备被进一步处理的过程。对于金属的回收已经是很多年前就建立的固定程序了。通常，会通过以下两种方法之一来完成：用粉碎与分离，来提取有色金属以及非有色金属；用拆卸与回收，来提取金属以及其他材料。塑料的回收至今还没有一个很好的程式化方法。

电子垃圾中，塑料成分渐渐上升的数量以及其多样性，意味着回收塑料已经变成了一个有着重要利润的领域（Fisher et al.，2005）。塑料可以通过多种科技手段进行提取。

- 机械回收塑料的方法包括对废弃塑料进行热熔、粉碎以及造粒处理。塑料必须在进行机械回收之前按照聚合物类型和/或不同颜色给予分类。然后，塑料就被直接进行热熔处理，注塑成新的形状，或者在粉碎成细屑之后融化，加工成颗粒——这个过程叫作"颗粒再造"。

- 化学原料回收是指利用打破聚合物结构，将其分解成单体的手段，来回收塑料制品的过程。通过回收，塑料原料接下来又可以在炼油厂或石化和化学生产中再次使用。这个过程比机械回收对原料的杂质容忍度要高很多，但是需要很大规模的资本，并且需要非常大量地回收塑料，才能成为在经济上可行的方法（50000 吨每年，Waste on Line，2004）。

某些部件，例如印刷电路板（PCBs）、电池、阴极射线管（CRT），则需要用到更专业的回收方式。很多在电子垃圾中可以找到的印刷电路板拥有的内在价值较低，因此回收起来并不经济。总的来说，只有在资讯设备和电子设备中找到的零件才有内在价值。这些可以被回收的材料包括银、铅、铜和金。运用一种叫作热解的处理方式（冶炼）可以把珍贵的金属从电路板中提纯出来。

为了便于回收利用，不同类型的产品与材料有着很多不同的标注系统。附录 2 列出了塑料、包装和电子电气设备产品对其的不同需求。

能源回收

能源回收，是以焚烧产品/零部件的方式来回收它们的能量的流程（European Environment Agency，2006）。然而，在废弃电子电气设备指令（WEEE Directive）的指导下，能源回收只在回收部件占产品重量很小部分的时候被允许，而且有很重要的一点需要人们意识到，那就是有些材料必须经过处理之后才能送去能源回收。对于电子垃圾造成的塑料回收来说，能源回收是一个从经济角度和环境角度来说都可行的方式，而且也很适合土地填埋（Fisher et al.，2005）。

需求

在 20 世纪 80 年代，帕帕奈克（Papanek）就注意到了：

> "近期很多设计只能满足转瞬即逝的希望和欲望，而人类真正本源的需求却被忽视。与被潮流和时尚灌输的、精心策划和粉饰过的'欲望'比起来，人类对经济、心理、精神、社会、技术和知识的需求更难满足，因其只能带来很少利润而被忽视了。"

（Papanek，1985，p. 15）

询问一件产品是否真的需要应该是有责任感的设计师们一个最核心的顾虑。工业设计专业诞生于第一次世界大战结束后第二次世界大战开始前的美国经济体系之下。彼时，这个经济体系越来越依赖鼓励高水平消费来制造财富（Whiteley，1994）。因此，关注需求而非希望就与工业设计师当今所意图扮演的角色不相吻合了，因为他们需要通过履行设计规划来满足消费者的要求以及工业界的诉求。依靠鼓励设计师询问到底哪里才需要他们的技能，而不是关注单纯的市场驱使之下的要求，就能保证我们在履行应负的责任。

在 20 世纪 70 年代，设计师 / 梦想家维克多·帕帕奈克（Victor Papanek）就开始鼓励设计师为人们的需求而不是欲望进行设计（Papanek，1971）。他给设计定义了 6 个应该优先考量的重点（Papanek，1985）：

1. 为发展中国家进行设计。
2. 为智力障碍、先天缺陷和后天残疾人士设计教学和训练器材。
3. 为药学、外科、牙科和医院设备进行设计。
4. 为实验研究进行设计。
5. 为边界条件下维持人类生命的系统进行设计。
6. 为突破性的概念进行设计。

20 年过去了，这些需要获得优先关注的设计重点仍旧维持着一个很好的基础。在此基础之上，设计师们可以检视他们所承担工作的最终效果。这些重点还可以帮助设计师认识到他们的技能还可以运用到哪些更广泛的领域当中去。

解决人类需求

很多评论人员都思考过并试图归纳人类需求。马斯洛（Maslow）提出了一个人类需求层次理论（hierarchy of human needs）。通过这个理论，他主张在满足"成长型需求"（growth）——例如自我实现——之前，必须先满足"亏缺型需求"（deficiency）——例如饥饿或者口渴（表4.2；Maslow，1971；Maslow and Lowery，1998，Huitt，2004）。

对马斯洛需求层次理论的简要介绍 表4.2

	生理需求	饥饿，口渴，身体上的舒适
亏缺型需求	安全需求	远离危险
	归属感与爱的需求	与他人相关，被接受
	自尊需求	达到，完成，得到核准与认可
	认知需求	知道，理解，探索
成长型需求	审美需求	对称，韵律，美感
	自我实现	找寻自我实现，认识到一个人的潜力
	自我超越	连接到某种超越自我的事物，或帮助他人找到自我实现，或领会他们的潜力

麦克斯·尼夫（Max-Neef，1992）用确认9种基本需求的方式，避免了层次理性的解读需求：生存、保护、亲情、理解、参与、休闲、创造、个性、自由。它们与4个阶段的存在感相关：存在、拥有、行动以及互动（表4.3）。

麦克斯·尼夫理论中的人类需求及其满足方式 表4.3

人类的基础需求	存在（质量）	拥有（物品）	行动（行为）	互动（环境）
生存	生理和心理健康	食物，住所，工作	吃东西，穿衣服，休息，做工作	生活环境，社会环境
保护	照顾，适应性，自主性	社会安全，健康系统，工作	合作，计划，照料，帮助	社会环境，居所
亲情	尊敬，幽默感，宽容，感官愉悦	友情，家庭，自然的关系	分享，照顾，做爱，表达感情	隐私，欢聚的私密空间
理解	关键能力，好奇心，直觉	书籍，教师，教育政策	分析，学习，冥想，探讨	学校，家庭，大学，社区
参与	接受，奉献，幽默感	责任感，职责，工作，权利	合作，持异议，表达观点	协会，正当，教会，邻居
休闲	想象力，宁静，自发性	游戏，聚会，思绪的安宁	白日梦，记得，放松，玩得开心	风景，私密空间，独处空间
创造	想象力，魄力，创造力，好奇心	能力，技术，工作，技巧	发明，建造，设计，耕作，创作，阐释	表达的空间，工作室，听众
个性	归属感，自尊，合理性	语言，信仰，工作，客户，价值，规范	了解自己，成长，自我承诺	有归属感的地方，日常环境
自由	资助，激情，自尊，开放的胸襟	平等的权利	异议，抉择，处理奉献，发展意识	任何地方

麦克斯·尼夫（Max-Neef）主张,不论时间和文化如何变化,基础需求是保持不变的;而会变化的是满足这些需求的方式。这些需求当中, 只有两种——生存和保护——是需要材料的。然而, 在工业化国家, 我们利用提供材料的方式, 尝试去满足所有这些需求。他相信, 这两者中的任意一种都是一直存在的, 而且都是不可替代的, 虽然通过选择不同的满足方式, 我们可以一次满足不止一种需求。麦克斯·尼夫（1992）自行设计了五种不同类型的满足方式:

- 独立法——满足个人需求, 而对他人来说没有影响的满足方式。例如福利计划提供的住房满足了生计需要, 馈赠的礼物可以带来爱与亲情。
- 协同法——在满足一个人的某种需求的同时, 引发或促进了其他人需求的满足。例如教育满足了理解的需求,同时也满足了保护、参与、创造、个性与自由的需求。
- 伪造法——模拟了一种满足的感觉。比如时尚满足了人们想要表达自己个性的需求。
- 抑制因素——在满足一种需求的同时, 抑制了人们满足其他需求的机会。例如我们可以说电视机满足了娱乐的需求, 却抑制了人们相互理解的需求、创造的需求以及找寻个性的需求。
- 逆反因素——逆反因素不仅不能满足应该被满足的需求, 而且还湮灭了其他需求被满足的机会。例如审查制度理应提供保护,但是在实际运用中却抑制了理解、参与、休闲创作、个性表达以及自由。

麦克斯·尼夫（Max-Neef）定义的人类需求（表4.3）可以被设计团队加以利用,从而重新构建设计纲要的框架,将以产品为中心的设计方向加以转化和改进。它也可以被用来评测新产品的理念,以确定其价值几何。

小结

本章陈述了由于设计师在产品开发过程中所处的位置,导致他们对于将产品之于社会和环境的负面影响减低到最小有着先天的责任。设计师可以依靠关注人类需求,提高产品寿命周期不同阶段的影响,从而促进他们设计的产品对环境和社会产生影响。这种趋势已经显而易见。本章列举了为可持续而设计需要用到的两种方法:关注产品寿命周期,或者是关注人类的真正需求。以上两种方法都是很有价值的方法,各有不同的优点以及局限的地方。

生命周期法,可以用于现有产品的开发过程。这就意味着它可以——其实也已经——被现代工业所运用。当今的工业实践倾向于降低产品生命周期的影响,可以在环境和/或社会方面逐步带来改善。环境改善可能包括因运输耗费的材料更少,所以造成的影响更小。而社会改进可能会包括增加地方资源,鼓励和激励员工捐出一些他们工作的时间给慈善事业。这些很小但是却积极的改变，当乘以每年制造的产品数量之后，就可以得出显著的、积极的对环境和社会的影响。例如将便携电视机的重量从 9.5 公斤减少到 9 公斤，会得到每制造 100000 台电视就节省 50000 公斤材料的成果。这将在产品的总体发展轨迹上带来积极的环境保护意义，同时还减少了原材料的需求及其对环境的影响，降低了运输所需的费用。如果该电视没有被设计好的、在寿命终结之后的回收流程的话，还降低了最终被填埋于土地中的垃圾。然而，生命周期法对设计师的鼓励作用更倾向于使他们在现有的范式内部进行思考。

另一种方法是关注需求法。在这种方法中，用户需求是设计规划当中的第一要务。在以市场为导向的今天，营销者可能会对此持不同看法。我们必须要明确地表达这种观点：现有的范式事实上是消费驱动的设计，而不是需求驱动的设计。大多数西方设计师运用需求趋势的新方式来进行思考，而他们的做法却在很多方面不符合资本模型的要求。以需求为中心的设计方法要是能在工业界被真正建立起来，必须被从战略层面认识清楚。

参考文献

Chiodo, J. D. and Boks, C. (2002), 'Assessment of End-of-Life Strategies with Active Disassembly Using Smart Materials', *Journal of Sustainable Product Design*, 2, pp. 69–82. [DOI: 10.1023/B%3AJSPD.0000016422.01386.7c].

Chiodo, J. D., McLaren, J., Billet, E. H. and Harrison, D. J. (2000), 'Isolating LCD's at End-of-Life Using Active Disassembly Technology: A Feasibility Study', presented at IEEE International Symposium on Electronics and the Environment, San Francisco, CA.

Cooper, T. (1994) 'Beyond Recycling?' *Eco Design*, 3:2.

Datschefski, E. (2004), 'Materials Choice'. Available at: www.biothinking.com/materials.htm

European Environment Agency (2006) EEA Glossary. Available at: http://glossary.eea.europa.eu/EEAGlossary/E/energy_recovery

Environmental Change Unit (1997), *2MtC – DECADE: Domestic Equipment and Carbon Dioxide Emissions* (Oxford: Oxford University Press).

Fabrycky, W. J. (1987), 'Designing for the Life Cycle', *Mechanical Engineering*, January, pp. 72–74.

Fisher, M., Frank, M., Kingsbury, T., Vehlow, J. and Yamawaki, T. (2005), 'Energy Recovery in the Sustainable Recycling of Plastics from End-of-Life Electrical and Electronic Products', presented at IEEE International Symposium on Electronics and the Environment (2005 ISEE/SUMMIT), New Orleans, LA.

Friedman, T. L. (2005), 'Global is Good', *The Guardian* 21st April 2005.

Goldberg, L. H. (2000), *Green Electronics/Green Bottom Line: Environmentally Responsible*

Engineering, ISBN: 0750699930 (Massachusetts: Newnes).

Henstock, M. E. (1988), *Design for Recyclability* (London: The Institute of Metals).

Huitt, W. (2004), 'Maslow's Hierarchy of Needs', *Educational Psychology Interactive*. Available at: http://chiron.valdosta.edu/whuitt/col/regsys/maslow.html (Valdosta, GA: Valdosta State University).

IDEO (2002), *Social Mobiles,* (London: IDEO).

Jelsma, J. (2003), 'Innovating for Sustainability: Involving Users, Politics and Technology', *Innovation*, 16, pp. 103–116.

Jelsma, J. and Knot, M. (2002), 'Designing Environmentally Efficient Services; a 'script' Approach', *The Journal of Sustainable Product Design*, 2, pp. 119–130. [DOI: 10.1023/ B%3AJSPD.0000031031.20974.1b].

Koninklijke Philips Electronics N.V. (1999), *Greening Your Business* (Eindhoven: Koninklijke Philips Electronics N.V.).

Lewis, H., Gertsakis, J., Grant, T., Morelli, N. and Sweatman, A. (2001), *Design + Environment, a Global Guide to Designing Greener Goods* (Sheffield: Greenleaf Publishing).

Lilley, D. (2006), 'Designing for Behavioural Change' *Engage Newsletter*, May, pp. 4–9. Available at: www.designandemotion.org/society/engage/newsletters.html

Lilley, D. (2007), 'Towards Sustainable Use: An Exploration of Design for Behavioural Change', Doctoral Thesis, Department of Design Technology (Loughborough: Loughborough University).

Lilley, D., Lofthouse, V. A. and Bhamra, T. A. (2005), 'Towards Instinctive Sustainable Product Use', presented at 2nd International Conference in Sustainability Creating the Culture, Aberdeen, UK.

Lofthouse, V. A. (2000), *Information/Inspiration* (Cranfield: Cranfield University).

Lofthouse, V. A. (2003), 'Information/Inspiration', Available at: www.informationinspiration.org.uk (Loughborough: Loughborough University).

Mackenzie, D. (1991), *Green Design: Design for the Environment* (London: Laurence King Publishing Ltd.).

Maslow, A. (1971), *The Farther Reaches of Human Nature* (New York: The Viking Press).

Maslow, A. and Lowery, R. (1998), *Toward a Psychology of Being* (New York: Wiley and Sons).

Max-Neef, M. A. (1992), 'From the Outside Looking' In *Experiences in 'Barefoot Economics'* (London: Zed Books).

McCalley, L. T. (2006), 'From Motivation and Cognition Theories to Everyday Applications and Back Again: The Case of Product-Integrated Information and Feedback', *Energy Policy*, 34, pp. 129–137. [DOI: 10.1016/j.enpol.2004.08.024].

Papanek, V. (1971), *Design for the Real World* (New York: Pantheon Books).

Papanek, V. (1985), *Design for the Real World: Human Ecology and Social Change* (London: Thames & Hudson).

PV Design and Engineering BV (2001), 'What is Treeplast?'. Available at: www.treeplast.com/what_is_ treeplast.htm

RMIT (1997), *Introduction to EcoReDesign − Improving the Environmental Performance of Manufactured Products* (Melbourne, Victoria: Royal Melbourne Institute of Technology).

Sherwin, C. and Bhamra, T. (1998), 'Ecodesign Innovation: Present Concepts, Current Practice and Future Directions for Design and the Environment', presented at Design History Society Conference, University of Huddersfield, UK.

Smith, L. and Henderson, M. (2006), 'TV Standby Buttons Will Be Outlawed' In *The Times On-Line*, 12th July 2006.

Sweatman, A. and Gertsakis, J. (1996), 'Eco-Kettle: Keep the Kettle Boiling', *Co-Design*, 05/06, p. 3.

Unilever (2001), 'Dose: A Sustainable Step for Fabrics Liquids' prepared and issued by Unilever HPC − Europe.

University of Warwick (2004), 'Researchers Compost Old Mobile Phones and Transform Them into Flowers'. Available at: www2.warwick.ac.uk/newsandevents/pressreleases/NE1000000097300/

第五章　为可持续而设计会运用到的方法与工具

设计师们所面临的挑战是要找到有意义的工具，并将之运用在设计流程当中，从而帮助设计师解决为可持续设计这一难题（Lofthouse，2004）。本章并没有大而全地对可用工具进行笼统的介绍，取而代之的是小而精地介绍了一些精选工具。实践证明，这些工具都是设计学生和职业设计师所青睐的。本章将它们分成 5 个方面（图 5.1）：

- 环境评估
- 策略设计
- 概念产生
- 用户中心设计
- 信息供应

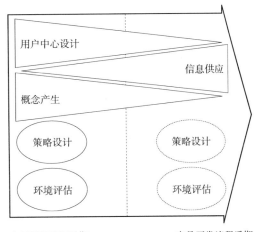

**图 5.1　产品开发过程中与可持续设计
相关的方法和工具**

环境测量工具

环境测量工具属于一种量化工具。在产品开发初期，由于它可以用来评估现有设计，并定位可能的改善机会，所以显得最为有效。它对于打击竞争对手也是屡试屡验，而且，它也可以被用来比对相似功能的产品，例如 CD 播放器和 MP3 播放器。这一节介绍和反映了三种不同的工具：生命周期评估（Life Cycle Assessment，缩写为 LCA），MET 矩阵（MET Matrix）以及生态指标 99 表（Eco-Indicator99）。

生命周期评估工具

生命周期评估（Life Cycle Assessment，缩写为 LCA），就像名字本身的含义一样，是一种用来评测产品（或服务）会对环境产生的影响的方法。它关注的内容包括从原材料最初的萃取与处理过程，到最终的丢弃方式，即"从摇篮到坟墓"（Ayres，1995）。LCA 是一种耗费时间、昂贵，但却很科学的方法；不过，它在很多案例当中并不能提供一个干脆明了的解答（Ayres，1995）。当对完全不同的生态型材制造出的产品进行比较的时候，就会出现一些问题。举例来说，评估显示，虽然聚苯乙烯杯子比纸杯在垃圾填埋的时候会占用更多土地资源，但是纸杯的制造却需要消耗比聚苯乙烯杯多 36 倍的电能以及排放 580 倍的废水。雪上加霜的是，当纸杯送去进行土地填埋的时候，它们最终会进行厌氧分解，产生甲烷（Hocking，1991；Ayres，1995）。

另外，要想界定作为评估组成部分的精确的系统边界也相当艰难。举例来说，当评估一台打印机的时候，是否应该同时考虑到使用它时所消耗的硒鼓墨盒和打印纸以及它们的制造过程对环境产生的影响呢？其他和 LCA 相关的问题还包括相关数据难以采集以及通常在评估过程中采用的数据都是从很多不同国家和制造商处获得的平均值，也就是说这些数据很可能缺乏精确性。

虽然由于时间的因素，我们并不建议设计师进行 LCA 评估，但是当结论确凿的时候，得到的结论确实可以对设计流程很有帮助。例如一个关于家用电器的 LCA 评估显示，使用洗衣机和电磁炉的过程，比它们在制造阶段和废弃阶段造成的环境破坏力度更大（Environmental Change Unit，1997）。这意味着与其和制造、废弃阶段产生的影响斤斤计较，不如花时间关注如何减少使用阶段的影响更有价值。同样，一项由诺基亚执行的 LCA 报告显示，移动电话对环境造成的最大影响，其实是在正常使用状况之下电话本身和其充电器所消耗的能量（Nokia，2005）。

可以重复使用的织布尿布与一次性纸尿布的对比

在过去的几年当中，研究者对于它们到底谁对环境的影响更小，作出了大量评估。一次性纸尿布比织布尿布多产生 90 倍体积的固体垃圾（但这仅占城市垃圾的 2%），而织布尿布比一次性纸尿布多产生 10 倍的水源污染（包含清洁剂），并且要多消耗 3 倍的能源（Ayres，1995）。然而，织布尿布拥有长久的使用寿命，而且可以不只给一个宝宝使用。如今，这个争论仍然没有解决，这也从一个侧面显示了理解 LCA 评估的结果是多么困难重重。

MET 矩阵

MET 矩阵（MET Matrix）是一种简化过的 LCA 工具，它可以被利用在设计流程的开始阶段。它是被荷兰代尔夫特理工大学（Delft University in the Netherlands）的研究人员专门开发出来，以帮助设计师了解他们再设计的产品对环境有何影响的（Brezet and van Hemel，1997）。MET 是材料（Material）、能源（Energy）和毒性（Toxicity）三个英文单词的缩写，表示的是以这三者构成的矩阵来审查设计的方法。

MET 矩阵评估需要使用到空白的 MET 矩阵表格（表 5.1）。对产品的分析要从考虑矩阵各个格子代表的含义开始，保证与产品本身及其辅助材料相关的问题都被考虑到。例如一个关于复印机的 MET 矩阵同时也需要考虑到墨盒以及复印纸。

MET 矩阵

表 5.1

		材料周期（M）输入 / 输出	能源使用（E）输入 / 输出	有毒材料排放（T）
材料和部件的生产与供应				
厂内生产				
运输				
采用	操作			
	维修			
寿命终结系统	回收			
	丢弃			

应该在每一个 MET 格子里面标注出所有与环保问题相关的记录。材料一栏，意图是记录在产品生命周期当中与环保相关的信息，这既包括输入的材料，也包括输出的材料。它应该记录以下各项的材料数量：

- 不可翻新材料；
- 在生产过程中可能会排放的材料；
- 不符合回收角度的考量；
- 使用过程不高效；
- 材料不适合再利用。

"能源使用"一栏，要记录产品在整个生命周期内消耗的能源总量。"有毒材料排放"一栏，应该用来记录所有在产品生命周期当中，排放到土地、水源以及大气当中的有毒材料。

这一工具可以有两种使用方式。首先，它能够给出一个关于潜在环境问题的快速的、质性的全局分析。之后，可以在接下来的评估当中进行一个拥有更多细节的、量性的评估，例如可以衡量具体制造了多少垃圾，或者有多少材料被采挖出来。因为这种方法对于三个与环保相关的主要领域都进行了检视，所以它能给设计师在设计阶段进行权衡的机会。举例来说，某个设计师也许在产品更新换代的时候，会选用一种比旧款零件所用材料重量更重的新材料，如果新零件在制造的时候排污量会更少一些的话。

一旦再设计已经完成，产品还可以通过再评估来展示它所取得的所有具体的进步。表 5.2 完整地展示了一个咖啡自动售货机的 MET 矩阵。

咖啡自动售货机 MET 矩阵——完成表　　　表 5.2

		材料周期（M） 输入 / 输出	能源使用（E） 输入 / 输出	有毒材料排放（T）
材料和部件的 生产与供应		● 铜 ● 锌	● 高能材料	● 阻燃剂印刷电路板中的阻燃剂 ● 流动改良——注塑成型 ● PS：苯的排放 ● PUR：异氰酸酯 ● 印刷与黏合过程产生的排放
厂内生产		● 金属垃圾 ● 塑料垃圾	● 生产过程中消耗的能量	
运输				
采用	操作	● 塑料杯（1.472 公斤聚苯乙烯） ● 滤纸（90 公斤） ● 塑料勺子（110 公斤聚丙烯） ● 清洁材料 ● 污染废料（4 升） ● 水源过滤器（20）	● 锅炉产生的低效能源消耗 ● 运输能耗	
	维修	● 易坏零件	● 服务提供人员的交通	
寿命终结系统	回收	● 对于宝贵零件，例如锅炉，没有再利用 ● 咖啡机的丢弃（37 公斤） ● 包装 ● 塑料没有回收 ● 塑料（5 公斤） ● 印刷版（0.5 公斤）		
	丢弃			● 印刷电路板（0.5 公斤） ● 铜 ● 锌

生态指标 99 表

荷兰 PRé 顾问公司（Pré Consultants）所创造的生态指标 99 表（Eco-Indicator99），是一种实用性的评测工具。它让设计师可以对一款产品或者设计对环境的影响作用进行计算。这款评测工具以及所有相关文件都可以在 www.pre.nl. 免费下载到。生态指标 99 表也让团队可以对经常使用的材料和流程的标准指示参数进行计算。

设计师可以通过拆解产品、确定制造各部件的材料和流程以及列出完整的零部件列表，来对目标产品进行分析。每一个基础部件都列在表格中相应的部分，并以相应单位进行计量（例如原材料用公斤，电能用千瓦时，运输用吨公里）。接下来，要在生态指标 99 表中，为产品的每一个零部件查询其相对应的生态指标值（Eco-indicator value）。生态指标值是根据产品零部件对人类健康、生态系统质量以及资源使用各方面综合计算出来的。生态指标值可以代表目标产品在这三方面所分别产生的影响。

每一个产品部件的重量乘以生态指标值，就能得出生态绩点（eco-points）。生态绩点越高，就表示该零部件对环境的负面影响越大。生态绩点的综合数值可以通过每一个产品生命周期进行计算。表 5.3 展示了一台电动榨汁机已经填写完整的生态指标99 表。

电动榨汁机生态指标 99 表——完成表　　　　表 5.3

制造过程

材料或流程	数量（千克）	指标	结果
聚苯乙烯（PS）	0.1	370	37
高密度聚乙烯（HDPE）	0.308	330	101.6
低密度聚乙烯（LDPE）	0.22	360	79.2
聚氯乙烯（PVC）	0.174	240	41.8
尼龙	0.004	240	0.96
橡胶	0.002	360	0.72
钢	0.010	86	0.86
铜	0.032	1400	44.8
纸板	0.150	69	10.35
纸	0.01	96	0.96
注塑成型 – 1	0.41	21	8.61
注塑成型 – 2（PVC）	0.174	44	7.66
总计			334.52

总结

使用过程	数量（千克）	指标	结果
电（千瓦时）	1.217	33	40.2
产品的运输（吨公里）	12.1 吨公里	1.1	13.31
1.1/1，000×11，000			
分发（吨公里）	0.22 吨公里	15	3.3
1.1/1，000×200			
橙子的运输（吨公里）	1560	15	23,400
0.57×365×5/1，000×1500			
总计			23,456.8

续表

废弃	数量（千克）	指标	结果
填埋垃圾			
聚苯乙烯（PS）	0.1	4.1	0.41
高密度聚乙烯（HDPE）	0.308	3	0.924
低密度聚乙烯（LDPE）	0.22	3	0.66
聚氯乙烯（PVC）	0.742	2.8	2.078
尼龙	0.004	3.6	0.014
钢	0.010	1.4	0.014
铜	0.032	1.4	0.045
回收垃圾			
纸板	0.150	−8.3	−1.245
纸	0.01	−1.2	−0.012
总计			2.88

一旦再设计完成，那么该产品就可以被重新评估，以检测改进部分所得到的成果。

策略设计工具

策略设计工具在产品开发前期以及产品开发后期都是一种非常有用的工具，它被用来在有某些改进产生的时候对产品进行重新评估。这种方法使得我们可以迅速确定哪一区域是最应该关注的重点。在这一节里，即将介绍四种行之有效的策略设计工具，它们对于各种设计团队来说都是相当有用的资源。它们是：生态设计评估网（Ecodesign web），设计算盘（Design Abacus），五重重点区（Five Focal area），六条经验法则（six rules of thumb）。

生态设计评估网

生态设计评估网（Ecodesign Web）是一种简单快捷的工具，它可以帮助设计师对产品或者设计进行质性的评估，以确定他们需要关注的关键领域。生态设计评估网是 LiDS 轮盘（LiDS wheel）的一种替代方案，作者为了响应业界对简单有效的工具的需求而将之开发出来。生态设计评估网可以从 www.informationinspiration.org.uk 的工具区进行下载。

生态设计评估网的工作原理是通过相互比较七种设计领域，得到"更佳/更差"的结论。运用图 5.2 提供的模板，设计师对生态设计评估网中的七个区块进行逐一检视，并估计出所选产品在每个区块的表现有多好或者有多差。估算的排序应该在生态设计评估网中用一个叉标记出来。当整个过程完成之后，叉子应该相互连接起来，形成的图形就可以展现出哪部分需要格外注意。图 5.3 展示了一个关于等渗饮料（一种运动饮料——译者注）的生态设计评估网的完成图。在这个案例当中，"产品寿命终止"和"最佳化使用期"被标记成关键关注区。生态设计评估网可以被再利用，以比较新的产品概念和旧的有什么区别。图 5.4 展示了 Boots 等渗饮料（Boots Isotonic drink）的再设计以及与之相关的生态设计评估网。该网状图可以被：

- 组织和个人使用；
- 用来为现有产品在设计初始阶段评估环保表现；
- 用于评估设计概念；
- 用来帮助改进概念和产品；
- 用来比较竞争产品。

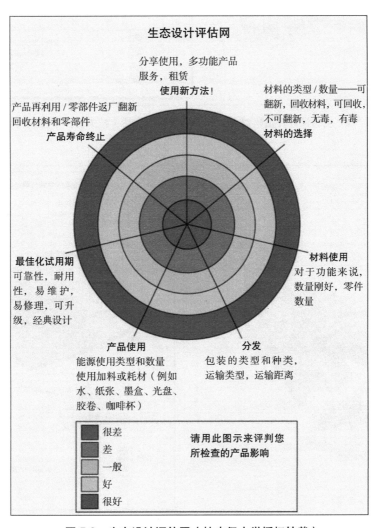

图 5.2 生态设计评估网（拉夫堡大学授权转载）

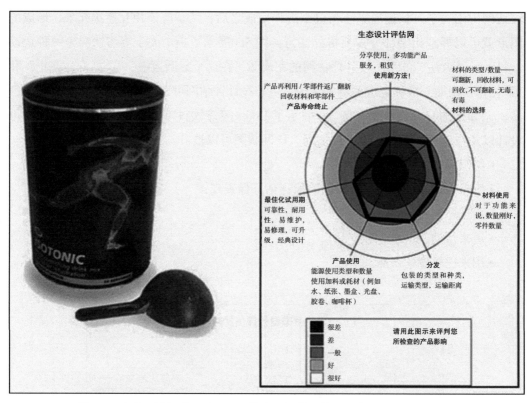

图 5.3 生态设计评估网对 Boots 等渗饮料的评估（拉夫堡大学授权转载）

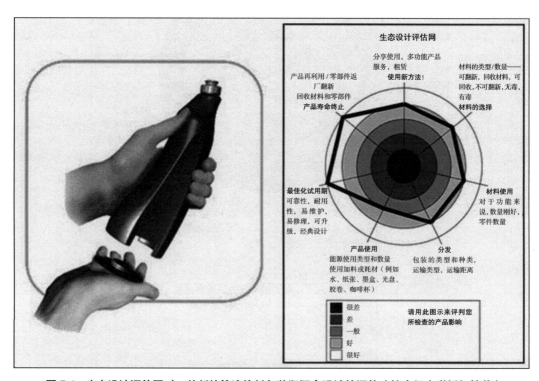

图 5.4 生态设计评估网对一款新的等渗饮料包装瓶概念设计的评估（拉夫堡大学授权转载）

设计算盘

原始的设计算盘（Design Abacus）是由"随意猜猜"（Shot in the Dark）创造的。从 www.shotinthedark.co.uk 网站上可以直接看到完整版本。这里描述的方法是已经由作者们改进过的版本，用几个小时的时间就可以填写完毕。改进版本可以在 www.informationinspiration.org.uk 上的工具区下载到。

设计算盘可以帮助设计师评测现有产品的可持续表现，突出未来研究需求所在，列出再设计时的若干目标。在设计早期阶段，可以使用设计算盘分析现有产品的表现，或者完成一系列替换设计的解决方案。设计算盘还可以用在产品开发流程的后期，用于和其他产品进行详细的细节对比。

使用图 5.5 中展示的设计算盘，设计师可以用某些特有的标准评估一件产品，集成涵盖了众多不同问题的三个焦点——环境（能源、材料、使用、寿命终止、包装），社会 / 道德（产权、需求与权力、公平、平等、道德、公有）以及经济（成本、质量、审美、人机工程）。要进行这项活动，设计师需要至少为每一个关注的领域都复印一份设计算盘的空白表格。被关注的领域，例如环境，要写在标有"关注领域"的格子里。每一个被关注的领域都应该有一系列需要被确认的问题，而每个问题都需要列出其一个优点和一个缺点。例如如果"能源消耗"是我们关注的问题，那么优点就列出"没有能源消耗"，而缺点就列出"高度能源消耗"。其他例子包括：

- 环境——单一材料 / 多种不同材料，大量再生材料 / 少量再生材料，容易拆卸 / 很难拆卸，寿命较长 / 寿命较短，很多再利用的材料 / 没有再利用材料，无包装 / 多层包装。
- 社会 / 道德——本地生产 / 海外生产。
- 经济——高成本原材料 / 低成本原材料。

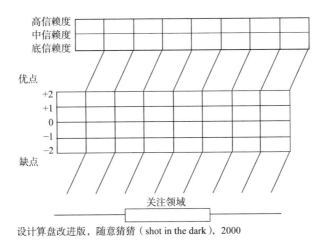

设计算盘改进版，随意猜猜（shot in the dark），2000

图 5.5　改进版设计算盘图（拉夫堡大学授权转载）

要评估一件产品，就需要对每一个问题依次考虑，而且都要得出一个相应的评断，来呈现产品在这些领域到底表现得怎么样。这个评断只是相对的，准确度并不需要强求。一旦某个问题的分数（+2，+1，0，−1，−2）被给出，其置信水平就应该被标注在最上面一栏。这有助于在最终评分得出之前，强调出该产品那些需要在未来被进一步研究的领域在何处。评估持续到所有问题都被考虑到了一遍为止。

接下来，有的算盘表格会被汇总起来，用直线连接相应的分数和置信水平（图 5.6）。到这里为止，这个测评用可视化的方式展示出了它的结论，并分别突出表达了产品的优点和缺点。接下来，再设计的目的就可以在这张算盘表格上用不同的颜色分别标记出来，而且在再设计完成的时候，可以再次与目标相互比较，看是否达到了预先的期望值。

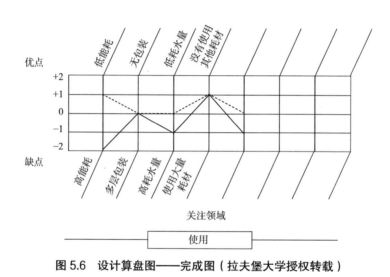

图 5.6　设计算盘图——完成图（拉夫堡大学授权转载）

速效五法

飞利浦运用一种叫作"速效五法"（Fast five）的工具，这是一种不需要计算就可以对产品进行分析的快速手段（Philips Corporate Design，1996）。运用这种方法，拟议产品可以通过以下五个问题被用来和参照产品作比较：

- 能源消耗——拟议设计是否比参照产品消耗的能源更少？
- 回收——新产品是否比参照产品更容易被回收？
- 有毒废物——拟议产品和参照产品相比，是否含有较少的化学废物？
- 产品价值——新设计是否能提供更长的产品寿命，增加产品希求度，使产品更容易维修？
- 服务——有没有提供相应服务却造成更少环境影响的新方法？

如果设计师能够对以上所有问题都回答"是"的话，那么新的拟议产品就是一个绝佳的替代方案。如果得到三个"是"的回答，那么新产品可以被看作是一种有点意思的替代方案，但还需要进行一些改进。如果只得到一个"是"，那么设计师就应该考虑转而对参照产品进行升级了。

六条经验法则

六条经验法则（Six rules of thumb）是一种能够帮助设计师关注环境改善的快速工具。它既可以作为头脑风暴活动的框架，也可以指导产品的开发。六条经验法则是由长久以来和环境息息相关的原始三 R 理论（the original three Rs），即减少（reduce）、再利用（reuse）、回收（recycle）演变出来的。

1. 反思：反思产品及其功能。
2. 降低：在产品的整个生命周期当中，降低能源消耗和原料消耗。
3. 替换：将有毒物质替换成更加生态环保的原料。
4. 回收：使用可以被回收和再利用的材料。
5. 再利用：将产品或者零部件在设计阶段就设计成在未来可以加以再利用的。
6. 维修：设计出易于修理的产品。

创意的产生

产生创意的技巧既有广泛普适的特性，又有多样化的特点。它们可以被用在产品开发过程中的任何阶段。这一节，会介绍两种工具——"信息／灵感"（Information/Inspiration）和"流程生成器"（Flowmaker）。这两种工具是特意被设计出来帮助那些为环境影响和社会影响的项目而工作的设计师的。接下来，它便介绍了一系列宏观创意技巧，这些技巧可以被用来为可持续发展设计项目激发创意。

"信息／灵感"

"信息／灵感"（Lofthouse，2001b）是一个提供给对生态设计感兴趣的设计团队的基于网络的生态设计资源。它将鼓舞人心的生态设计案例研究和专门针对产品的生态设计资讯结合在了一起。前者可以展示出在生态设计领域，都有什么人做了什么事；后者可以供设计师们直接使用在他们的作品上。相关网址：www.informationinspiration.org.uk（图 5.7）。

产品范例被整理成 9 类目录：电子电气产品，白色家电，包装，纺织品，替代能源，家具，概念，绿色设计以及回收材料。它们被呈现在一个包含图示说明与各个类别标题的页面当中。点击任意图示，该图示就变大，以向用户展示产品大图和产

图 5.7 "信息／灵感"网站的范例页面（拉夫堡大学授权转载）

品功能的简要说明。"信息／灵感"网站中呈现的案例研究包括：生态水瓶™（The EcoBottle™），Conservus 冰箱冰柜（Conservus Fridge Freezer），智能衣服夹（Intelligent clothes pegs），热淋浴（Hot Shower）以及日出露天桌（Sunrise Solar Table）。

　　生态设计案例研究行之有效地展现了那些有行动力的公司是如何成功地思考生态设计的。这些案例研究为感兴趣的设计师们提供动力与灵感，以帮助他们自己产生令人兴奋的新创意。它们同样也表明了一个问题，那就是对环境与社会都负责任的设计并没有什么神秘的配方可言——它们只是一些考虑到环境和社会问题的好设计罢了（Lofthouse，2004）。

搞定流程

　　"流程生成器"（Flowmaker）是由"吾辈造"（WeMake）设计工作室（www.wemake.co.uk）为设计师们开发的一款激发灵感的工具。它是由一包 54 张分为五套的卡片构成的：本能套装、个性套装、老年套装、玩乐套装以及潜力套装。

- 本能套装探求的是通过关注九大相关的问题，用"设计满足需求"：喂养，对抗，飞行，筑巢，哲学，性，社交—家庭，社交—朋友，社交–伴侣。

- 个性套装探求的是通过关注六种不同的个性类型配对，"为他人而设计"：能动—被动，大胆—谨慎，语言—数字，独立—协作，专才—通才，传统主义者—未来主义者。

- 老年套装探求的是如何"为未来的我们而设计"。它考虑的是我们如何才能通过不仅为健全人而设计，来使大规模制造的产品以及公共项目更简单易用。同时，我们也可以考虑如何用设计使产品较难使用，从而促进使用过程中的锻炼效果，以维持我们晚年的身体健康。这套卡片鼓励设计师关注的点有：视力，精细动作，柔韧性，粗重运动，听力，学习，记忆，嗅觉／味觉，速度与力量。

- 玩乐套装探求的是如何"为娱乐和交互而设计"。鼓励设计师设计出一系列活动来吸引我们、鼓舞我们的情感，从而在使用过程中更有融入感，并有更好、更愉悦的使用体验，从而帮助提升心理、生理、社交方面的健康程度。

- 潜力套装探求的是"为可持续而设计"。这些卡片鼓励设计师通过使更多的人参与进来以及利用项目所处的环境，为当前以及未来的设计增添更多材料以及体验上的可能性。这组卡片鼓励设计师在以下方面加以关注：适应，定制，循环，非物质化，授权，定位，最大化，意义，维修，自制，升级。

搞定流程卡片可以通过很多不同方式的使用，来为设计流程进行补强。举例来说：

1. 随机摘要——依次选择每种颜色来设定场景，进行设计。

2. 定义摘要——选择卡片，以反映、探讨或精炼某一设计。

3. 用户资料——选择卡片，定义用户资料，为其进行设计，或为其进行市场设定。

4. 随机词汇——当头脑风暴发生停滞的时候，随机挑选一张卡片促使整个过程继续。

5. 头脑风暴组——与同事分享、处理卡片，以鼓励参与者从不同角度切入，分析问题。

6. 评估项目——对卡片进行逐套检查，以对一个已经存在的设计进行分析。

7. 设定你自己的规则。

"搞定流程"关注的是要刺激和激发设计师的灵感——不论他们正处在什么级别。"搞定流程"是一种开放式的、多目的的、可以进化为支持和延展设计流程的工具。它在设计的各个阶段都很有价值——我们可以用它来模拟、通报、提醒、微调、漫步、挑战以及激发灵感。观察个性类型的极性，可以帮助我们自己倾向一边，承认不同的心理状态和行为。明白了用户需求的动机，并将用户需求摆在设计流程的中心位置，有助于将设计的产品和用户的生活更好、更容易地整合与关联起来。卡片的开放的格式和有限的内容，通过提供不多不少刚刚好的信息量，来帮助刺激用户的创造力，让他们开始行动起来。"搞定流程"卡片被用来当作一种帮助在相关环节形成和激发创造力的有效工具，用于与客户合作和教育相关的环境。

创新技巧

创新技巧（creativity techniques）是为生态设计项目和帮助你从不同的角度思考问题，从而产生新想法的一种有效方式。虽然你也可以自己进行这一系列行为，但是有同伴一起成组地进行确实是最好的选择。因为这样一来，就可以积累所有人的意见，产生新的想法——这也是成功的生态设计的一个很重要的组成部分。还有几条你必须遵守的规则：不要批评；允许你自己发表天马行空的建议；听听别人怎么说；享受其中的乐趣。下面列出了四条简单但是有效的技巧。

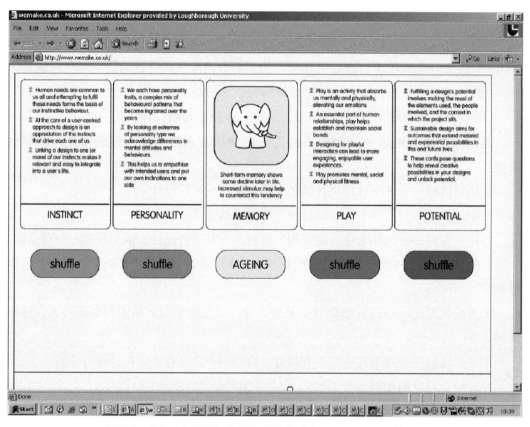

图 5.8 "流程生成器"卡片涉及的类别（WEmake 授权转载）

"随机词汇"（Random Words）可用来产生解决问题的灵感，并鼓励你从不同的角度进行思考。要对生态设计问题实施技巧，就要先选择一个你想要开发的生态设计策略构想。例如"非物质化"，将这个词写在一张大纸的顶端，然后，从一箱事先准备好的词汇当中选择一个随机词汇，写在一张纸的中央，接下来，用 3 分钟的时间，联想并记录下尽量多的和随机词汇相关的词。举例来说，"铅笔"这个词可能会让你联想到诸如"尖利"、"点"、"木头"、"铅"、"书写"、"信件"、"书籍"、"蓝与白"、"钝"、"橡皮"、"擦掉"等。一旦产生出这个列表之后,就可以将任意的词汇用在非物质化的挑战当中,来记录你的创意。在这个流程最后,有关非物质化的一整个系列的创意就都产生出来了。最后,圈出最好的创意,以继续。

"如果……那么"(What if?)是产生想法的一个很有用的创意技巧。它可以帮助产生"新鲜的想法",并为问题提供新颖的视角。同样,要在考虑生态设计问题的时候使用这项技巧,首先就要选择一个你想要专注的生态设计策略,例如降低能耗。依照"如果……将会怎样"的格式,生成尽可能多的与你所考量的改进方案相关的问题。例如如果关注的是降低能耗的问题,你可能会问:"如果我们想要的与之相反,将会怎样?""如果钱不是问题,将会怎样?""如果我们明天就必须要有解决方案,将会怎样?""如果世界上没有了石油,将会怎样?"将"如果……将会怎样"的问题写在一大张纸上,并罗列出可能的解答。例如"如果世界上没有了石油,将会怎样?"——"我们可以使用替代能源,比如太阳能或者风能,我们也可以走路或者骑车。"

在这一环节的最后,你会得到一个全面的、降低能源消耗的方法阵。圈选出最好的一个方法进行推展。

图 5.9 创造力环节(拉夫堡大学授权转载)

"强制关系"（Forced Relation Ships）是一种强制大脑在不同知识库之间跳跃的创意技巧。这是一项充满挑战的活动，也是开发全新视角与全新解决方案最强有力的方法之一。最好是有多人一起进行，而且要准备一些大张的纸以及在活动之初留出清晰的时间空当。心里有一样你想从环保或者社会的角度尝试或者改进的产品或服务也是相当明智的选择——对此达成一致，并且记录在另一张纸上。

全组一起想象未来的可持续儿童医院（2050 年），探讨它是如何运作的，它看起来是什么样的，什么人会供职其中，人们是怎么去那儿的，药品是怎么运送、分发的。把你的想法全部写在或者是画在一大张纸上面，10 分钟后停止。

接下来的目标是，尝试运用你想出来的主意，解决你在活动之初同意探讨的问题。再次将你的主意画在一大张纸上。

最后，切换到分析模式。这一阶段的目标是，找出之前产生出的各种想法中最可行的那一个。表 5.4 所示的可行性评估对于分析创意来说，是一个相当行之有效的机制。最好的主意可以列在左手边，然后每一个主意都用正面 / 可行（ + ），无关 / 中立（ 0 ），负面 / 不可能（ – ）或者需要进一步探讨（ R ）进行标注。通过这一步，就可以选出创意当中最可行的一个进行跟进。

可行性评估 表 5.4

	创意	技术可行性	财政可行性	市场机会	可持续可行性	备注
1						
2						
3						
4						
5						
6						

"反推"是这样一种技巧，它能够辅助人们为喜闻乐见的未来描绘一个清晰的前景，并且运筹帷幄，将其实现。反推的成果会是一条时间线，上面有要实现这一愿景所需要完成的各个特殊事件以及可以量化的目标。这一技巧被自然框架（The Natural Step）所运用，最好是在小组合作中使用。

要执行"反推"，首先，参与者需要被引导通过一个预测训练，来得出一个全组成员喜闻乐见的未来愿景。这个愿景是一种理想未来的呈现，是成员最想要实现的未来。接下来，小组必须回答这个问题："它是如何实现的"？要回答这个问题，全组成员需要合力依据他们的愿景草拟一个大纲，结束点是他们的最终愿景，起始点是今时今日。接下来，小组成员运用头脑风暴来找出实现最终愿景所必须发生的特定事件以及可以衡量的目标。时间线就像一座桥梁一样，连接起了愿景与现实。

用一大张纸来写下整个时间线。这张纸将成为全组成员共同记忆的重要组成部分。时间线上面的每个点越清晰，越详细，那么充实完善策略和目标的过程就会越容易。要多加鼓励清晰和详细的时间线描述。

下面列出了一些信息，它们是时间线的必要构成要素。

• 创造愿景所必须要发生的特定事件列表（与目前形势紧密相连）。

• 完成愿景所需要完成的里程碑与目标。

• 时间线必须开始于现在，终止于愿景的完成。

以下问题可以用来刺激思维，以推动流程前进。

1. 组员是否在最终愿景当中列出了所有利益相关人，即所有有股权的人，或者会被即将到来的变化影响的人？

2. 谁能盈利，谁会亏损？

3. 要想实现愿景，谁是关键的人？

4. 谁有可能会阻碍计划进行？

5. 谁是需要参与整个计划实施的人？咨询谁？谁需要参与执行策略？

在草拟完时间线之后，"反推"的下一个步骤是确定引导时间线上面的事件如愿发生，最终完成目标的策略。请大胆想象！

在思考每一个成功所需要的策略时，一定别忘了特定的行动和资源——越详细越好。要有创意：运用你的想象力，想象要实现这些变化，有哪些事情是必须要真实发生的？接下来，把每个策略涉及的利益相关人都列出来：所有你认为可能对此计划感兴趣从而给予投资的人，或者会被这个计划影响到的人，都要列出来。

在这一阶段，以下问题会提供一些帮助：

1. 利益相关人的盈利体现在什么方面？

2. 谁会盈利？

3. 谁会失利？

4. 要想实现计划，谁是关键的人？

5. 谁有可能会阻碍计划进行？

6. 谁是需要参与整个计划实施的人？咨询谁？需要谁参与执行策略？

为每一个被列出的利益相关人简单陈述一下，"盈利"对于他们来说会是什么样的。什么样的事情会让他们乐于参与和支持你的计划？决定谁将能够主宰每个计划，列出下一阶段，并尽快完成它（Nattrass and Altomore，2001）。

用户中心设计

用户中心设计的技巧，对于搜集真实用户的实践、习惯、行为、需求等信息来说非常有效。这些信息对于产品、服务、系统的形成是必需的。这些技巧可以减少潜在的设计不佳和设计误用；也可以为观察人与产品的关系提供一些参考；还可以对使用行为的多样性给予记录。这些参考能够帮助设计师更好地理解人们是如何使用以及误用产品的，而这可以用来减少产品使用所会带来的影响。接下来的部分简单地描述了一些设计师可用的技巧以及这些技巧的优点和缺点。

参与者观察

"参与者观察"（Participant observation）主要被运用在一个项目的早期阶段。它会运用一些被设计好的技巧和工具，来帮助研究人员了解消费者在使用一件产品或服务时的思维、信仰和行为（May，2001）。

运用这项技巧，观察可以通过运用记笔记的方式手动进行。观察者可以被安排和受试者在同一房间，以进行记录，透过单向镜面玻璃对受试者进行观察（May，2001）；抑或是通过录音和录像完成记录。这两种方式是各有利弊的。一方面，手动记录包括实时逐字逐句地记录语言、行为或动作。这对于观察人员来说是个艰巨的任务，需要观察人员准确、客观地记录下所有看似平凡的情形（May，2001）。研究者自己对事件的解读也会影响到事情被记录下来的样貌以及对其的后续分析。另外，翻译很有可能无法完全表达那些语言使用当中的差异。比较乐观的方面是，手动观察提供了"走马观花"的数据资料，从而能够得出最初始的结论（Maguire，2001）。要提高研究的准确度、易用度和质量，研究者需要在事件结束之后尽可能快地写下记录内容。建议用关键词统领的文件系统保持连贯性，用不同的引号标记"转述"与"逐字文本"，从而在添加评论的时候保持准确度。另一方面，录像可以提供更完善的记录。研究者可以在闲暇时间再对其进行分析，可以复制转载，也可以播放给参与者看（May，2001）。除此以外，录像的手段还允许用镜头记录下用户活动的详细细节，例如对对象进行手部特写（Vermeeren，1999）。它还可以有效地捕捉连贯的一系列行为，从而使得宏观观察成为可能。然而，它的缺点是，每一个小时的镜头需要花费研究者 3 个小时的时间去进行分析。所有语言都需要根据视频，依据时间被记录下来，并被编号，再进行合理分组（Evans st al.，2002）。

运用这种方法，一个研究找出了一些用户使用烤炉和设计师希望用户如何使用该烤炉之间的区别。观察受试者烤蛋糕，结果显示，用户通常选择打开烤炉的门来检查他们的蛋糕烤制的程度，而不是简单地通过烤炉的玻璃门板直接进行观察。这是因为用户更希望触摸或者是用扦子戳一戳蛋糕，来看看它烤得怎么样了（图 5.10）。

打开门，会导致热量的散失，从而降低了烤炉的总体能效。有趣的是，烤炉上有玻璃门的唯一原因，就是让用户可以直观地观察烹饪进度，而这种设计事实上是一个降低设备能源效率的属性（Lofthouse，1999）。虽然这项研究得到的结论是，玻璃面板并不是视觉观察所必需的，但是移除它可能会导致造型上的倒退，所以证明烤箱上面的窗口也可以有别的功能，例如本案例当中的"造型"功能。

图 5.10 "参与者观察"练习（拉夫堡大学授权转载）

用户试用

"用户试用"（user trials）是对产品使用的模拟。在这场模拟当中，受试者被要求在实验设定的场景中，使用产品或者模拟产品，来完成一些特定的任务——正如图 5.11 所展示的案例（Vermeeren，1999）。"用户试用"通常被用在研究初始阶段来评估现有产品，虽然它也可以用在设计阶段来评估产品草模。通常来说，8 ~ 25 个受试者会被应召到"用户试用"实验当中。在这一阶段的实验当中，受试者会被要求完成一系列的任务，例如"打开果酱罐子的盖子"。试用实验最好在用户日常会接触到的真实环境当中进行（Maguire，2001），而且受试者会被限定完成某项任务的时间。在完成了实验练习之后，用户会接受一个采访，会被问及他们所经历和遇到的困难以及问题。通过这一采访得到的观点会让设计师更好地改进产品的功能、操控和易用性。

图 5.11 "用户试用"过程的案例（拉夫堡大学授权转载）

"用户试用"可以搜集用户行为的模式和习惯方面的信息，给受试者一个机会去演示他们是如何使用产品／服务的。通过这种方法，可以凸显出使用者根深蒂固的行为和习惯。然而这种实验的安排和建立过程有可能比较耗费财力，而且可能很难找到正确类型的受试者。使用过程也有可能被测试的设置类型所影响。同时，测试的现实性很重要，而且如何把测试内容介绍给受测试人也是需要经过深思熟虑的。测试的范围以及顺序，也很有可能影响测试得出的结果。例如在比较靠前的简单测试项目当中得到的知识经验，可能会影响受测试人在靠后的测试项目中的表现（Vermeeren，1999）。为了免除这些问题，建议在真正的测试之前，事先进行试点研究。除非研究的一个侧重目标是观察积累的学习效应，否则建议定期更换试点研究的受试人群，以避免受试人对产品、流程或场景过于熟悉。此外，在选择受试人的时候，最好审慎地确定他们是否对相似产品拥有先期使用知识和经验。

产品使用测试

"产品使用测试"（product-in-use）能够记录人们在使用产品的过程中真实的——而非他们口述所表达出来的——举动；能够捕捉人们在被问到的时候也许不会提到的行为，例如一些习惯性的行为。它可以暴露出产品在设计上的局限，凸显出优化产品功能的机会，揭示出设计师设计产品时的设计意图和使用者在真实使用时的行为有何差异。

在进行"产品使用测试"时，一个很关键的必要条件是要定义出研究的范围。一旦定好研究范围，研究团队——比较理想的情况是由两名相似背景的成员组成——就可以计划要研究的观察内容了。这有可能包括"设置隐藏摄像机，寻求与用户共度一天的许可，或者寻找适合的公共场所以供录像"（Evans el al.，2002）。研究团队接下来会用摄影或者摄像的方式收集和捕捉尽可能多的用户行为信息，并辅以注释笔录，以点明感兴趣的内容。如果是公开录像，必须和被拍摄对象接触，并向其解释研究目的。如果是暗中拍摄，应该事先寻求法律方面的咨询与建议（Evans el al.，2002）。图 5.12 当中展示的照片来自一个研究项目，它旨在观察在公共场合使用手机对社会的影响。如图所示，图中的女士一边和她的朋友通过手机聊天，一边沿着曲线步行。理解用户在真实世界中的使用习惯，可以帮助设计师围绕相应的行为进行有针对性的设计。

但是，这种方法有深层次的缺陷。它需要确定合适的观察地点，并要做好应召观察人员等后勤工作；需要花成本来掌握录制和编辑工具；还需要时间来录制、分析、编辑和记录捕捉到的数据（May，2001；Evans et al.，2002）。然而，所采集数据的可视化性质已经被证明是一种对设计师非常有用的资料类型。这类资料可以激发设计概念的产生；用户对产品功能的创新优化有可能被设计师在新产品改良设计中采用；而对"情感化和社会背景下的产品使用"（Evans et al.，2002）、产品误用，或对产品的变相使用等方面的洞察能力，却有可能激发新的创意。

图 5.12　用隐藏摄像机观察用户使用手机的行为（拉夫堡大学授权转载）

使用场景扮演研讨

"使用场景扮演研讨"（scenario-of-use）利用了场景、工具和服装来"建立背景"，用家具的安排来表达产品的使用场景。它的主旨是揭示事先用户在产品使用中的莫可名状或并未说出的需求，用角色扮演的方式来给参与人的回忆提个醒（Evans et al.，2002）。在进行这项活动之前，要事先确立此次研究的兴趣点，并且大致设计出一个故事情节，例如"生活中的一天"。故意把它设计得基本一些，也可以形成研讨的第一个部分。主持人在这场扮演研讨当中需要承担最重要的工作，所以他必须是一个有经验并充满自信的人员。5～20个用户会被邀请来参加研讨，并被鼓励在演员表演各种行为的过程中给予意见和评论。所有被邀请来的用户以及主持人，在任何时刻都可以打断演员的表演，并询问问题。一个关键技巧是，要在整场扮演研讨中维持一种轻松的气氛。所有言语都被按时间顺序逐字记录下来。也可以把整场扮演研讨用摄影机录影存档，以备后续研究。

"使用场景扮演研讨"的缺点包括：参与者如果不习惯表演，那么也许会觉得整场活动不太自在；因为需要准备道具、服装以及家具，所以也许会耗费很大的时间成本和物质成本；而且，搜集来的数据可能依旧需要耗费大量时间来进行分析。然而，使用长久扮演研讨提供了一个机会，来追忆事先用户在产品使用中的莫可名状或并未说出的需求。这种信息是传统的研究方式所无法提供的。经验告诉我们，参与者可以自由和自如地表达他们所思所想是最重要的，因为他们是在"表演"，而且在此过程中，可以用越来越多的共情、创意，来建立用户和设计师之间的关系（Evans et al.，2002）。这种研讨方式最根本的优点是，客户的一言一语在交流欲望和需求的时候不会被忽视，并且它们被证明是一种强大的工具（Lofthouse，Bhamra and Burrow，2005）。

分层游戏

"分层游戏"（layered games）是在克兰菲尔德大学（Cranfield University）的一个硕士研究生项目中被开发出来的研究技巧。一组学生开发了作为一个系列的四个游戏，用它来以可持续发展为目的而研究调查豪华车车主们的眼光、期望和动机（Holbird et al.，2003）。这组学生想要通过将豪华车和可持续发展植入其他的事件或者"主题"，以便于车主理解的方式，来验证豪华和可持续发展之间的联系。这种方法可以在被研究对象不偏激而且不被引导的情况下，调查他们的意见。

"<u>印象</u>"环节让参与者想象如果自己是一台豪华车的车主，他们自己对自己、对他们的车以及对车的品牌有什么看法。在小组中，参与者被要求用三组互为反义词的价值描述词语来进行评估，例如"谨慎—放纵"，"低调—张扬"等。评估的对象是五张印有豪华车的卡片，其中一张是车主自己的车。在活动期间，"豪车卡"在达成共识之后被依次排开，然后每个参与者分别对印有自己车的卡片用前面三组价值加以描绘。"<u>选择与混搭</u>"环节旨在测试参与者对可持续设计的意识以及更进一步来说，他们会如何积极寻找解决环境影响问题的产品方案。在两人或者三人小组中，参与者被要求优先为他们自己的车列出一系列"豪华"或"可持续"的选项，例如"个人定制的安保服务"与"公平贸易制造的零件"。这些选项故意突出个人利益与地区或全球社区福利之间的复杂性让参与者进行"权衡"。在"<u>钱说了算</u>"环节（图5.13），参与者被给予了贴纸形式的"现金"以及可以给公司行为投票的机会。公司行为要么是在公司方面强化社会责任的行为，例如投资促进公共交通的发展；要么是给豪华车车主提供他们渴望的福利，例如赛车专属俱乐部的会员资格。"<u>可视化地图</u>"环节在公司、客户、车和品牌的大环境下，明晰地介绍了"可持续发展"。参与者被要求将他们作为豪华车车主的需求概念化，草拟出一家豪华车公司需要通过怎么样变化以及在工程和设备方面如何优化，才能在 2025 年的时候支持这些需求。

图 5.13 "钱说了算"模板（克兰菲尔德大学授权转载）

为了保证研究者能够跟踪参与者决策的整个流程，参与者每个人都被发给了不同颜色和形状的贴纸。每种贴纸都与参与者此前所做的问卷相关联,在游戏中扮演"现金"的角色。这些做法可以为参与者在整个聚焦小组当中的行为保留一套物理记录。这种方法的一大优点是，游戏要求参与者通过不同方式手动记录他们全程的喜好和选择:在代表两种相反特征的线轴上的相应位置摆放卡片（这发生在"印象"环节）;用选择并给卡片排序的方法表达自己对产品特性的喜好（这发生在"选择与混搭"环节）;用贴纸作为"现金"来给不同的政策和举措投票（这发生在"钱说了算"环节），将整个小组的头脑风暴在大展示板上面记录下来（这发生在"可视化地图"环节）。每次游戏都能得出一个明确而现实的结论，它们在接下来的活动中会被收集并且分析。另一项益处是,该游戏虽然表面上看起来很简单，但是却包含了复杂的信息。这就保证了在参与者能够享受"游戏"互动和放松的同时，研究者可以从中找出参与者情感和道德方面随着情景而发生变化的一系列反应。这类方法的关键时期是为它进行准备工作的时候，必须在活动开始之前就准备好模板，来展示每个游戏关于时机、目的和规则方面的大纲。此方法的一个潜在缺点是，也许需要花费可观的时间来设计和测试整个游戏；若是想要得到有价值的结果，游戏必须是专门为探索某个特定的事件或者问题而设计的。

情绪拼贴板

"情绪拼贴板"（mood boards，McDonagh et al.，2002）是用一系列经过挑选和排列的图片展示设计规划的方法。它可以由设计师或者客户自己制作而成，来表达关于课题或者当下情况的感受、情愫以及经历，还有对产品使用和生活风格的看法（McDonagh et al.，2002；Costa et al.，2003）。在制作"情绪拼贴板"期间，要为参与者提供原材料（小册子、杂志、报纸等）、剪刀、胶水和纸张。参与者要么可以从一些杂志当中自由选择图片，要么被要求只能从一系列预先规定好的图片集当中进行选择。前一种方法可以去除事先选好的图片组当中可能出现的偏颇之处，但是却有可能由于参与者会拥有过大的自由度来完成这个项目而要花费更多的时间。后一种方法，要提供一组大约 80～100 张的图片以及若干组的复制版本，并复制出几组完全相同的，来屏蔽掉有可能的偏颇之处（McDonagh et al.，2002）。这种方法的优点是，它缩短了参与者组织和制作他们的情绪拼贴版的时间。在图片选择之后，参与者被要求将剪好的图片按照"有某种意义"的方式进行分组（Costa et al.，2003）。在这里通常会运用到两种形式来对成果进行分析：参与者会被邀请简要表述一下选择每一张图片的原因（在图片旁边写下注释，再加上口头解释）；研究者要对每个图片分组进行分析——通常他们会搜寻每组图片当中的不规则性、共性以及模式或规律（例如拼贴当中反复出现的主题和事件，Costa et al.，2003）。

图 5.14　反映不同类型女性气质的"情感拼贴板"（拉夫堡大学授权转载）

"情绪拼贴板"有一系列众所周知的优点。通过这种方法，参与者能够自如地表达那些也许用别的方法很难表达的但却与产品有关的感受、情愫以及经历（McDonagh，Bruseberg and Haslam，2002；Costa el al.，2003）。这种方法还可以为设计师在创意阶段提供视觉支持给予一个明确的结论（Bruseberg and McDonagh-Philp，2001）。这种方法要实现，相对来说，成本不高。然而，运用"情绪拼贴板"也有一些相应的缺点。首先，整个流程都仰仗主观的判断。如果拼贴拿来给设计师进行分析，在分析过程中有可能会产生思想污染（设计师的和参与者的）以及对图片意义、重要性的误解。第二点，由于"情绪拼贴板"没有规定的公式法则，所以该方式方法开放接受质疑，而且流程必须要注明和解释清楚（McDonagh et al.，2002）。其他一些次要的缺点还包括：准备这项活动要花费的时间成本和精力成本；运用的图片有可能过于字面化（比如描述某些特定品牌）；参与者有可能由于对情况不熟悉而不想参加。

资讯供应及更新

信息 / 灵感

本章早些时候提到过的"信息 / 灵感"工具（www.informationinspiration.org.uk）同样也特别针对设计师的需要，为设计领域量身定做了一系列生态设计信息，而且为了使搜索信息的过程极尽简化，网站上的所有信息都被分成九个关键的类别。通过这个网站，设计师可以接触到运用可持续设计策略设计出来的各种产品的大全；可以接触到和下载到生态设计的工具；可以观察做事情的新鲜途径；还可以搜索关于材料、运输以及使用阶段的影响等各种信息。除此之外，设计师还可以找到关于产品报废的规定以及最新的法律法规诉求等信息。

真人真事

"真人真事"（RealPeople）是一张拉夫堡大学开发出来的设计资源 DVD 光盘。它旨在引导设计师去着重关注那些受到使用者欢迎的产品都有些什么样的特质。该资源包括了对 582 个人进行采访所得出的信息。采访针对产品的功能、可用性、产品乐趣以及产品偏好等方面进行。该资源还包括了对 100 个人的深度采访，包括谈论他们的生活风格，对产品品牌和设计风格的总体偏好以及详细描述三款他们拥有的、给他们带来某种愉悦情绪的产品。这些描述通过很多段视频剪辑录像呈现出来——每段录像大约 2 ~ 3 分钟——而且还辅以对关键情况的剖析。每一段录像都相当引人入胜，故事也很耐人寻味，这都是为了鼓励设计师和每个录像中出现的用户之间产生共鸣（Porter el al.，2005）。该资源现在正被职业设计师们进行评估测试。

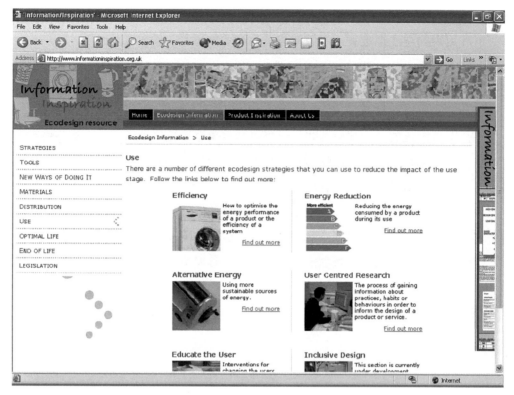

图 5.15 "信息 / 灵感"范例页面（拉夫堡大学授权转载）

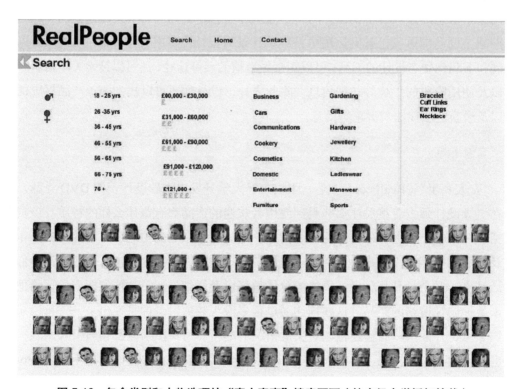

图 5.16 包含类别和人物选项的"真人真事"搜索页面（拉夫堡大学授权转载）

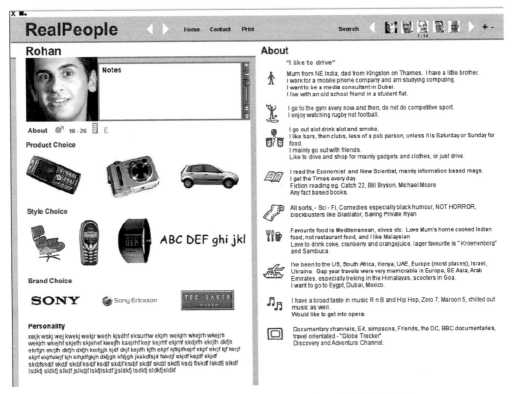

图 5.17　"真人真事"的范例页面（拉夫堡大学授权转载）

小结

本章介绍了一系列不同类型的设计工具。在可持续设计领域，这些设计工具可以运用在产品设计开发的任意阶段。虽然在互联网上很简单就可以搜索到相当多的设计工具，但是笔者相信，这里提到的工具对设计师的需求来说是相当适合和格外相关的。研究表明，设计师需要得到各种各样的信息、灵感、教育和引导的集合，才能帮助他们深深浸淫在可持续设计的领域当中（Losfhouse，2001a）。将以新产品为轴心的信息，与案例研究相结合，可以为信息提供实际意义，为案例增加可信程度（Lofthouse，2001a）。本章结合了资讯提供和教育方面的内容，保证设计师有机会积累对于可持续设计之主要原理的理解。借此，设计师们可以将纸面上的原理和理论付诸实际的设计项目当中去（Lofthouse，2001a）。这些工具可以通过挑选和混搭的原则进行互相结合，以制造出更加可持续的设计成果。

补充信息

从下列书目中还可以找到大量其他工具。

参考文献

Ayres, R. U. (1995), 'Life Cycle Analysis: A Critique', *Resources Conservation and Recycling*, 14:3-4, pp. 199–223. [DOI: 10.1016/0921-3449%2895%2900017-D].

Brezet, H. and van Hemel, C. (1997), *Ecodesign: a Promising Approach to Sustainable Production and Consumption* (Paris: Rathenau Institute, TU Delft & UNEP).

Bruseberg, A. and McDonagh-Philp, D. (2001), 'New Product Development by Eliciting User Experience and Aspirations', *International Journal of Computer Studies*, 55, pp. 435–452. [DOI: 10.1006/ijhc.2001.0479].

Costa, A. I. A., Schoolmeester, D., Dekker, M. and Jongen, W. M. F. (2003), 'Exploring the Use of Consumer Collages in Product Design', *Trends in Food Science and Technology*, 14, pp. 17–31. [DOI: 10.1016/S0924-2244%2802%2900242-X].

Environmental Change Unit (1997), *2MtC – DECADE: Domestic Equipment and Carbon Dioxide Emissions* (Oxford: Oxford University).

Evans, S., Burns, A. and Barrett, R. (2002) *Empathic Design Tutor*, IERC (Cranfield: Cranfield University).

Hocking, M. B. (1991), 'Relative Merits of Polystyrene Foam and Paper in Hot Drinks Cups: Implications for Packaging', *Environment Management*, 15:6, pp. 731–47.

Holbird, S., Lilley, D., Lourenço, F., Macchi, F., Gimenez, J. A. M., Stewart, K. and Wood, G. (2003), 'Integrating Sustainability into Luxury Brands of ****** and **** *****' *Manufacturing Sustainability and Design* (Cranfield: Cranfield University).

Lofthouse, V. A. (1999), *A Summary of Observations Arising from Ecodesign Research at Electrolux: A Report for Environmental Affairs* (Cranfield: Cranfield University).

Lofthouse, V. A. (2001a), *Facilitating Ecodesign in an Industrial Design Context: An Exploratory Study In Enterprise Integration* (Cranfield: Cranfield University).

Lofthouse, V. A. (2001b), *Information/Inspiration* (Cranfield: Cranfield University). Available at: www. informationinspiration.org.uk.

Lofthouse, V. A. (2004), 'Investigation into the Role of Core Industrial Designers in Ecodesign Projects', *Design Studies*, 25, pp. 215–227. [DOI: 10.1016/j.destud.2003.10.007].

Lofthouse, V. A., Bhamra, T. A. and Burrow, T. (2005), 'A New Way of Understanding the Customer, for Fibre Manufacturers', *International Journal of Clothing Science and Technology*, 17, pp. 349–360(12). [DOI: 10.1108/09556220510616200].

Maguire, M. (2001), 'Methods to Support Human-Centred Design', *International Journal of Computer Studies*, 55, pp. 587–634. [DOI: 10.1006/ijhc.2001.0503].

May, T. (2001), *Social Research: Issues, Methods and Process* (Buckingham: Open University Press).

McDonagh, D., Bruseberg, A. and Haslam, C. (2002), 'Visual Product Evaluation: Exploring Users' Emotional Relationships with Products', *Applied Ergonomics*, 33, pp. 231−240. [DOI: 10.1016/ S0003-6870%2802%2900008-X].

Nattrass, B. and Altomore, M. (2001), *The Natural Step for Business: Wealth Ecology and the Evolutionary Corporation* (Canada: New Society Publishing).

Nokia (2005), 'Lifecycle Studies: Strategic Assessment'. Available at: www.nokia.co.uk/ nokia/0,,27313,00.html

Philips Corporate Design (1996), *Guidelines for Ecological Design − Green Pages*, (Eindhoven: Philips).

Porter, C. S., Chhibber, S., Porter, J. M. and Healey, L. (2005), 'RealPeople: Designing Pleasurable Products' presented at Accessible Design in the Digital World Conference 2005, Dundee, UK.

Vermeeren, A. P. O. S. (1999), 'Designing Scenarios and Tasks for User Trials of Home Electronic Devices', in *Human Factors in Product Design: Current Practice and Future Trends*, Green, W. S. and Jordan, P. W. (eds.), pp. 47−55.

第六章　产品更新和再设计的案例研究

自从 20 世纪 90 年代开始，随着公司和企业开始意识到提供对自然友好的产品可以赢得更多的利益，将生态设计宗旨运用到设计和开发产品当中去这一做法就广泛地传播开来。与此同时，设计师们也开始在设计流程当中变得更加善于考量这些方面的问题。本章介绍了 9 个工业界的案例研究，其中包括产品设计、家具设计以及包装设计。这些案例展示了如何运用很小的改变来显著地提高产品在环境保护方面的表现。

洗衣机，米勒公司

米勒公司（Miele GmbH）是一家一直在可持续设计方面保持良好记录的德国制造商。他们的产品包括家用电器、商业设备以及整体厨房。在一则由德国克雷菲尔德的洗衣研究所（Laundry Research Institute，Krefeld，Germany）所作的研究当中（Miele，2006），米勒的产品被发现是家用洗衣机当中寿命最长的。该洗衣机的平均寿命是 18.5 年。在设计洗衣机范围的时候，米勒公司运用了一系列生态设计策略。具体来说就是：服务寿命最佳化，续航能力耐久化，产品机能可升级，能源消耗最低化，资源消耗最小化。

通过对产品的最佳服务寿命进行设计，米勒公司确保了他们的洗衣机可以在保证运行质量的情况下，运行 5000 个洗衣循环周期（这相当于每周洗 5 次衣服的情况下，可以运行 15 ~ 20 年）。

米勒公司的这种拥有可持续设计特性的洗衣机具有以下一系列的特点：

- 采用珐琅外壳，不易起翘，不易掉屑，不易被刮伤，保证了产品外形在长久的使用当中不轻易磨损。
- 采用强劲的滚筒轴承。
- 采用比混凝土砌块更加坚固的、牢不可破的铸铁底座来稳定机身。
- 采用镀铬舷窗门和金属门扣来保证洗衣机的门可以安全开关 60000 次。
- 采用电子控制而非机械控制板，保证没有需要运动的零件，从而降低磨损和破损的概率。

所有米勒洗衣机都被设计成可以升级的。有专门的服务工程师，可以使用一台电脑重新对洗衣机进行编程，以写入升级信息和更新程序。这种做法保证了用户会想要把他们拥有的产品保留更长时间。同时，米勒公司的洗衣机也是为了减少能源消耗而设计的，它的高档款式的产品得到了 AAA 的能量评级认证。

为了保证能源使用最少化，他们的洗衣机还拥有自动激活球阀，可以节省洗涤剂的使用。在洗涤过程当中，漂浮的球体紧密地顶锁在泡沫容器口处，防止洗涤剂从油盘当中漏出。这一功能可以保证洗涤效果一如预期，同时又不会对洗涤剂造成哪怕一滴不必要的浪费。洗涤剂保存在泡沫容器内部，因此，洗涤剂的使用量更少，由此造成的污染就更小。米勒洗衣机的用水也相当节约，因为它的滚筒配装了装有"鳍片"的"肋骨"，这种"肋骨"可以扛起水，并将水送到洗衣机顶部。这样一来，米勒洗衣机每次运行的耗水量只有 49 升而已。

图 6.1　米勒洗衣机（米勒公司授权转载）

　　米勒洗衣机的另一项特点是，它们在尝试教会用户些什么。米勒洗衣机拥有一个独特的装载量探测显示器，它能测量出用户到底需要使用多少洗涤剂来搭配放进洗衣机的衣物。最后，洗衣机在报废的时候也是可以被回收的。为了做到这一点，所有的铸件都被清晰地标注上了材料类型。

　　要了解更多关于米勒洗衣机的信息，请登录：www.miele.co.uk。

一次性相机，柯达有限公司

　　柯达首次发布它们的一次性相机是在 1987 年。这是第一台"可丢弃"的相机，即使是丢失了或者是坏了也都没关系。对于当时的消费者来说，这是一件一炮打响自己知名度的产品。然而，迫于来自环境保护组织的压力，柯达开始着手重新设计这款一次性相机，以便对它的零件进行更好的回收和再利用。经过再设计，这款相机现在已经具备了被回收和被拆解的功能。得到的零件和材料接下来将会被再利用或循环使用，其中很多都被柯达原厂使用在新的制造过程之中。

柯达相机（图 6.2）可以在照片冲洗店进行回收，接着被送回到三个回收机构之一。所有的包装、前面板、后面板以及所有电池材料都会被移除。塑料壳的部分会通过金属探测器检查，确定是否含有任何金属材料，接着被邮寄至工厂，并打散成碎屑，最终在照相机或者其他产品身上得到再利用。所有废弃的纸质包装都会被送至一个回收中心。拆卸出来的电池会被测试，如果达标，则会被通过如下方式进行再利用：

- 用在员工传呼机上，进行"内部消耗"；
- 作为一种"物资捐助"捐助给相关组织；
- 当做回收电池进行贩售。

相机框架、测光系统和闪光电路板都会被严格测量，然后送回工厂系统进行再利用。相机被用电力空气吸尘器进行清洁，然后在一条手工装配流水线上进行目视检查。为了保证质量，旧的取景器和镜头会被更换一新。很多小型零件，例如滚轮（高阶摄影中会用到的零件）和计数轮（显示剩余曝光次数的零件）都会被再利用。最后，组件会被运送到柯达的三个一次性相机制造基地之一，并重新装配成新产品。期间工厂会为它安装新交卷、新电池，并重新进行包装（包装材料含有 35% 的二手回收材料），并打好包裹（Kodak, 2001；Lewis et al., 2001，Kodak Environmental Services, 2002）。

图 6.2　柯达一次性相机（拉夫堡大学授权转载）

生态水瓶，夏达矿泉水公司

生态水瓶是一个有 1.5 升容量的、全部利用聚对苯二甲酸乙二醇酯（PET）制造而成的塑料瓶子。它是由夏达矿泉水公司（SardaAcqueMinerali S.p.A）在意大利设计并且制造出来的。在过去的传统产品当中，饮料瓶子是使用 PET 制作瓶身，而用某些不同材料制作瓶盖的。这些材料包括高密度聚乙烯（HDP）和低密度聚乙烯（LDP）。另外，制造饮料瓶子的过程中，在很多情况下还会添加纸、墨水以及用来粘贴标签的胶粘剂。这种组合最主要的原因是为了保证瓶盖和瓶身能够安全紧密地闭合扭紧（增加摩擦系数），并保证标签上标明了法律所要求标明的所有食物信息。这一系列做法使得回收饮料瓶的过程艰难而耗时。

生态水瓶的制造商却绕过这些约束进行设计，创造出一种螺旋瓶口、百分之百用PET制造、不含标签、不含胶粘剂、不含纸质材料、不含墨水和颜料的饮料瓶子（图6.3）。PET这种材料通常都被用于制作软饮料或者是饮用水的包装，并且因为它具有价格低廉、重量较轻、可以重复扭紧/扭开、不会摔碎以及可以被回收等特点，而颇受欢迎。另外，这种材料之所以会被选中，还因为它在强度、热稳定性以及透明度（NAPCOR，2004）方面有着优良的表现。生态水瓶的设计基于一个最简单的生态设计原则：在一个设计之中，只用到一种材料。但是这种做法却产生了巨大的优势。结果是这种水瓶质量轻、易回收，并且在再利用之前不需要任何特殊处理。

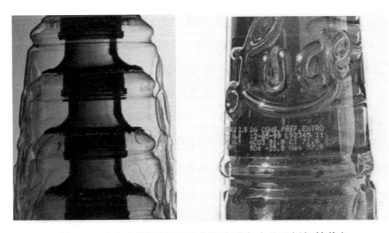

图6.3　生态水瓶细节展示（夏达矿泉水公司授权转载）

所有需要的信息，都可以通过激光一体机直接在瓶体上面压花得到，或者是通过模型工具直接注塑成型。夏达公司的生态水瓶是第一个将盲文压印在瓶身上面的饮水瓶产品。螺纹瓶盖上面的密封套上可以印制条形码和公司的标志色。

当水瓶中的水消耗完毕、水瓶本身不再有用的时候，可以用一个特制的、随瓶子免费赠送的工具将瓶身一分为二，没有任何需要被丢弃的部分，即使是螺旋瓶盖也可以继续待在瓶子上（Sarda Acque Minerali SpA，2004）。一旦瓶子被剪成两半，它们就可以一个个叠摞起来，下半部分完美地和上半部分相扣合，上一个瓶子接着可以塞进下一个瓶子，如此往复下去。瓶颈口较短，意味着每个瓶子叠加到上一个瓶子上的时候，只会增加2厘米的高度。生态水瓶并不能和其他任何品种的瓶子叠加在一起，这也是使生态水瓶的回收能够得到纯 PET 的保证。一旦回收的生态水瓶"柱"叠加到 1 米的高度，就可以送去最近的回收点进行回收。

由于回收而来的材料是纯粹的 PET，所以它并不需要使用人工或者机械进行分类。唯一需要的过程只有简单的粉碎和洗涤过程，这样就可以得到 PET 粉末了。回收得来的 PET 材料可以运用在很多新产品上面，例如制造涤纶地毯的纤维，T 恤衫的织料，内衣裤、运动鞋、行李箱、装饰布料，睡袋的填充纤维以及冬季外套，工业捆扎带，板材和薄膜，汽车零件如行李架、汽车顶棚、保险丝盒、汽车保险杠、进气格栅以及汽车门板，新的食物或非食物 PET 储藏箱（NAPCOR，2004）。

更多信息请访问公司网站：http://ecobottle.com 或者 http://san-giorgio.com

Azur 精确电熨斗，荷兰皇家飞利浦电子公司

总部设在荷兰的飞利浦电子公司（Royal Philips Electronics K.V）设计制造的产品在可持续性上久负盛名。他们的顶尖生态设计产品达到了绿色旗舰级别。这意味着，经过不同领域的生态设计流程之后，一件产品，或一系列产品已经在 3 个或以上的"绿色重点领域"（Green Focal Areas）得到核查，并在 2 个或以上的领域中表现优良，可以提供更好的环保表现。飞利浦"绿色重点领域"包括重量、有害物质、能量消耗、循环和丢弃、包装和寿命（照明设备）。奥苏精确蒸汽电熨斗（Azur Precise Irons）（图6.4）就是一款绿色旗舰级别的产品。

Azur 精确电熨斗 4330 被市场中最有力的商业竞争伙伴和其他商业竞争者作为行业标准，它在包装、重量以及回收能力等方面都备受关注。

图 6.4　Azur 精确电熨斗（飞利浦电子公司授权转载）

在人机工程学性能方面，关注舒适感、效率与安全的 Azur 精确电熨斗专门设置了旋钮和把手，这些部位都提供了最大程度的舒适与易用性。与和它最接近的三个竞争者相比，Azur 精确电熨斗的重量要轻 5%，而包装造成的环境影响要少 50%。在可回收性能上，飞利浦和所有的竞争对手相比也是不分伯仲。

麦蒂硕用药剂量监控系统，Boots 公司

位于英国的 Boots 公司（The Boots Company）有一个评估程序，通过它，很有可能提升该公司包装系统的可持续属性。在麦蒂硕系统的案例当中，评估指出了将 PVC 材料替换成其他材料的可能性，而且标准厚度也可以减少。建议是由质量与购买部门联合工作得出结果。

医疗片剂的用药剂量监控系统是一项提供给敬老院和护理机构的服务系统，在英国拥有 340 家 Boots 门店。该系统的特殊之处在于，用 0.0175 毫米厚度的 APET 材料代替了胶囊泡板中 0.025 毫米厚度的 PVC 材料。材料会提前在店里和铝箔纸热封在一起。由于每年胶囊泡板都被病人大量运用，减小总体包装将带来不可小觑的好处。这一举措每年将可以节省出 34.5 吨材料。

Boots 公司对新包装格式的设计与改进，使得顾客更容易使用该产品。胶囊泡板的泡腔被设计得比以前更宽、更深，以适应更宽泛的片剂尺寸。改造之前的胶囊泡板曾经造成了某些用户的困扰。新包装和改进以后的特点更增加了药品的可追溯性（制造日期、泡腔数量等）。

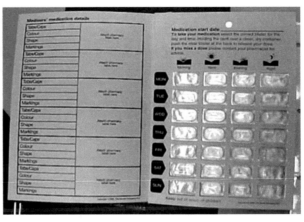

图 6.5 麦蒂硕药品包装（Boots 联盟授权转载）

现在的胶囊泡板更轻薄，所以同样大小的外包装能容纳更多的泡板，以减少运输成本。最终产品是 APET 和铝箔纸两种材料热封在一起，所以在使用过后是不能被回收的。

Life Chair，Formway 设计公司

在澳大利亚的墨尔本，和 RMIT 合作的 Formway 公司将生态设计宗旨运用到了他们的"Life Chair"的设计过程当中（图 6.6）。

设计团队在设计过程中避免使用会造成问题的 PVC 材料。座位部分和扶手部分使用到的泡沫，在制造过程中并没有运用到氯氟烃（CFCs），这样一来，也就不存在破坏臭氧层的问题了。另外，制造这种泡沫的媒介，是水。

椅子中的金属材料，尽可能都采用回收金属进行制造。按重量来计算的话，椅子当中的回收材料部分占到了椅子重量的 52%。零部件当中，最高的回收物料比例，在某些铝制零件当中为 100%；在锌制零件当中占 90%；在 ABS 塑料制零件、尼龙制零件以及缩醛制零件当中占 20%。虽然现阶段尼龙制零件由于在回收过程当中的损耗，导致它无法合并在再生材料当中，但是，有关人员仍在评估、寻找将尼龙材料转换成可回收尼龙的可能性。

图 6.6　Formway 公司的 Life Chair（Formway 公司授权转载）

在生产当中，还避免了那些对环境会造成很大影响的制造流程，例如金属零部件的电镀流程。不进行金属零部件的电镀，不光节省了原材料，而且避免了产品产生的固体有毒垃圾，特别是避免了在预处理部件粉末涂层的步骤中会产生的液体垃圾。

在制造过程中，凡是可能产生的碎屑，例如注射成型工艺当中产生的塑料碎屑，都会被收集并重新汇集到注射成型机当中去。所有的铝碎屑都会被回收再利用。

在组装过程当中，会尽可能少地使用胶粘剂。这样一来，拆解工作就变得相对简

单了许多。这样，也可以尽可能多地降低工作场所中挥发性有机化合物（VOCs）的排放量。VOCs会通过胶粘剂、油漆涂料以及某些塑料挥发开来。研究表明，VOCs的排放会导致室内空气质量不佳以及"病态楼宇综合征"（sick building syndrome）。在空气不佳的室内工作，会导致工人们的生产效率降低6个百分点。这样一来，公司会由于生产效率低下，每年损失数十亿美元（CSIRO Manufacturing and Infrastructure Technology，2005）。Life Chair在制造过程当中，运用机械紧固机制——例如卡扣、铰链、弹簧夹——代替了大部分胶粘剂的使用。

Life Chair的另一个卓越特性是它的高阶人机工程学表现。它可以让工作者拥有更加健康的工作环境和更加高效的工作效率。

Life Chair的总重量只有15千克，比竞争对手的18～20千克的产品明显轻了许多。同时，Life Chair还使用了更少的零部件——只有177个——和某个竞争对手的超过200个零部件的产品比起来少了很多。如此精简，以至于和它主要的竞争对手比起来，少用了的零部件达18%之多。这样一来，使得Life Chair更容易拆解，再利用和返厂翻新。同时，Life Chair在废弃以后也更容易被回收。为了减轻重量，它用到的一个很明显的技巧是使用编制纤维和可选择的塑料腰部支撑来构架椅子的靠背部分。编制纤维替代了传统的塑料和泡沫以及装饰部分组成的靠背。

Life Chair是为了耐久性而设计的——和竞争对手的5年时间相比，Life Chair提供了长达10年的质量保证。超长的耐久性通过有限元分析（Finite Element Analysis）和设计验证（Design Validation）一起测试完成。其过程特别对消除产品的薄弱部分加以关注，从而使得产品寿命更长。没有任何容易被损伤的装饰面，例如粉末涂层，也减少了产品的外观磨损以及过早报废、丢弃和垃圾的产生。

Life Chair在如何再利用以及返厂翻新方面也花了心思进行设计。很多零部件，包括座椅部分和靠背部分的子组件，座椅、靠背和扶手的顶部，铝制基座以及内饰部分都可以轻易拆除、替换，或者改造。容易拆装的设计理念可以协助修复、翻新以及回收：

- 避免使用软质饰面以及标签会用到的大部分的胶粘剂——这些胶粘剂都可以被卡扣、铰链、弹簧夹所代替，它们可以使拆除解体更加容易。
- 减少零部件的总数量。
- 座椅和靠背的饰面部分不需要工具就可以安装或拆解。
- 只需要一把改锥，一把内六角扳手，一把锤子以及一把钳子，就可以拆除整个椅子。
- 组成椅子的零部件数量减少了，使得椅子更容易被再利用，返厂翻新，或者回收。在这方面，Life Chair优于所有目前市场上的同类产品——Life Chair比它的主要竞争对手少使用18%的零件。
- Life Chair还加入了其他增强其可回收性能的特性。绝大部分塑料零件都注塑有标签，来区分不同的塑料种类。在回收的时候，这一特征能够协助将各种不同种类的塑料零件进行分类。标签内容遵照国际标签标准。

- 在 Life Chair 上使用的材料，绝大部分在技术层面来讲都是可回收的（例如铝、钢、ABS 塑料、聚丙烯、尼龙以及聚氨酯泡沫）。

虽然绝大部分在 Life Chair 上使用的材料在技术层面来讲都是可回收的，但是很显然需要建造一个体系，来收集、分解以及回收这些零部件。Formway 公司和它的合作者如今正在开发建造这一回收系统。总体来说，Life Chair 的生态设计特点直接和间接地在以下方面都做出了贡献：避免制造垃圾，减少垃圾数量，产品再利用，产品返厂翻新以及在产品寿命终止之后的材料回收工作。

了解更多信息，请登录 Formway 公司网站：www.formway.co.nz/flash.html 或者 RMIT 网站 www.cfd.rmit.edu.au

家居运输包装，赛吉斯公司

意大利的赛吉斯公司（Segis SpA）对于他们生产出的家具的整个生命周期都进行了全面的考量。他们着重考虑的方面有：所使用的材料，材料的耐久度，运输当中的保护措施，产品体积以及产品寿命结束的处理方式。他们最初考虑的一个方案是如何使用回收材料来制造某些型号的座椅和靠背。最近，他们和一个 9000 公里之外远在欧洲东北部的客户接洽合作，敲定了一个需要每年制造和运送 40 000 件家具的订单。这次合作激发了赛吉斯公司的又一个灵感，开始考虑如何才能在降低对环境的影响、降低生产制造成本的同时，又能保证产品的较高质量以及上乘的客服品质。

如果使用传统的运输方式，每个硬纸板箱当中包装 4 把椅子，那么就意味着每辆卡车可以运送 150 个硬纸板箱，即 600 把椅子。按照每年平均 40000 件产品的订单数量计算，每年必须要有 10000 个硬纸板箱被 70 辆满载的卡车运到 900 公里以外的目的地。所有这些，会耗费相当数量的资源，包括材料和汽油，而且它们并不便宜。为了改善这种情况，赛吉斯重新设计了他们的运货系统。

他们设计了一系列支架。借助这种支架，可以将 20～30 把椅子（具体数量由椅子有没有扶手决定）堆叠在一起（图 6.7）。这样的堆叠在没有盒子和其他保护措施的情况下也是可以安全运输的。这样一来，每辆卡车就可以运送 1000～1100 把椅子，而不是靠传统方式只能运输的 600 把。这个反思直接节省了制造、运输硬纸板箱带来的成本，而且需要运送椅子的卡车车次减少了将近 50%。这一举措将产品的劳动力和成本节省了 15%，而且减少了可观数量的环境污染和材料消耗。此举产生的额外成本包括支架的制造成本以及每隔八周需要一趟返程卡车将支架收回的成本。这一系统已经运作了 5 年。期间，赛吉斯公司制造和运输了将近 250000 件产品。

当赛吉斯公司和一家北美的大型家具制造商洽谈后，他们改进了原先的支架，并在其成集装箱的运输过程中节约了与之前相似比例的成本。成本低廉的支架可以被回收，也可以留在他们的国家继续使用。现在，赛吉斯公司和这家北美大型家具制造商的合作已经进行到第二年，并已经成功向美国运送了 30000 件家具。

图 6.7　赛吉斯公司的运输系统

版权所有赛吉斯公司

经久耐用的刷子制造商，查尔斯·本特利家族公司

查尔斯·本特利家族公司（Charles Bentley & Sons）是一家英国本土的木柄毛刷制造公司。他们针对材料来源的管理工作，开发了一种整合方法。依靠这种方法，该公司收获了社会和环境的双重利益。他们使用的制造原料来自于橡胶树。通过严谨的管理流程，他们可以增加橡胶树在每个成长阶段能被利用的价值。

在硬件零售商店和 DIY 材料商店出售的木柄毛刷通常以生长在斯里兰卡、印度和亚洲的橡胶树作为材料来源。这些橡胶树由当地人栽培，经过大约 25 年就不再能出产橡胶了。在这段时间内，橡胶园当中会养殖蜜蜂来制造蜂蜜。

在橡胶树达到使用年限之后，树干会被砍伐成型材，用来制造毛刷的木柄部分。树枝部分则会被制成木炭，以供应当地的燃料和园艺使用需求。橡胶树的球状根茎部分会被卖给日本农民，他们会用橡胶树的根茎种植日本香菇。最后，留下的木材则会被运往英国，用于制造毛刷的木柄。

在制造过程中，会对毛刷的木柄部分执行成型以及钻孔操作，而在这些操作过程中会产生大量木屑刨花。本特利公司意识到，这些生产垃圾其实有更好的去处：把它们包装制造成宠物垫材，就可以作为本特利公司旗下的另一项产品进行再销售。对于那些从原木上面削下来的楔形边角料，则可以作为船舶修补材料，海军会把它们使用在金属船体水下部分的裂缝上。小片的木楔子会被楔入金属裂缝，然后由于遇水膨胀的性能，堵住船体的漏洞。

通过对整个产品生产流程的创造性整合，本特利公司在社会反响和环境保护双方面都赢得了多项利益。他们为斯里兰卡、印度以及亚洲其他地区提供了诸多工作机会，并通过良好的森林管理，对植物本身以及整个林地区域进行了很充分的利用。他们达到了森林认证体系认可计划（Programme for the Endorsement of Forest Certification）的相关标准，而且是相似领域唯一一家获得联合国森林论坛全力支持的企业。他们通过可持续种植，减少垃圾以及谨慎地使用自然资源为大自然赢得了利益。最后，他们公司自己也通过将原本的生产垃圾当作副产品进行出售，而收获了经济利益。

图 6.8　查尔斯·本特利家族公司供应的各类产品

版权所有查尔斯·本特利家族公司

iU22 超声波仪，荷兰皇家飞利浦电子公司

飞利浦的医疗设备部门很早就开始着手开发生态设计，因为他们注意到了客户可能会有的特殊需求。有鉴于此，飞利浦设计出的 iU22 超声波仪，将智能设计和诸多高效特征相结合，并在环境保护方面做出了可观的改进（图 6.9）。运用模块化设计理念

制造而成的 iU22 超声波仪达到了被命名为"飞利浦绿色旗舰产品"的所有苛刻的要求。与它的前期产品相比，iU22 重量减轻了 22%，有毒成分——水银的使用量减少了 82%，对能源的消耗功率降低了 37%，对包装的需求减少了 20%，采用的可回收材料总重量增加了 30%。

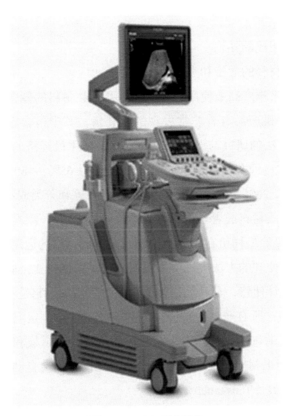

图 6.9 iU22 超声波仪

飞利浦电子公司授权转载

让该产品在环境保护方面锦上添花的是，iU22 超声波仪囊括了诸多出色的产品特性。这些新一代的产品特性包括：实时 4D 成像技术，语音辨识控制系统，备考批注功能以及自动图像优化技术。iU22 很好地迎合了当今市场对医疗影像诊断服务与日俱增的需求以及成本方面的约束。每一台超声波仪，都为临床医生们提供着更高水准的影像质量、更高的检查效率、更自动化的功能以及更加简易的操作流程。

另有一个独立研究指出，iU22 超声波仪在自然化使用者的工作姿势方面提供了顶级的人机工程学解决方案。iU22 在生物力学方面减少了对脖颈和肩膀的压力——这是造成超声波医师最常见的肌肉骨骼损伤的原因，而且 iU22 也是 6 种相似的超声波仪器产品当中，唯一一台达到工业推荐要求——能够独立调节显示器高度、控制面板高度以及全面调节可视距离——的超声波仪。

移动电话，诺基亚

芬兰的诺基亚公司（Nokia）曾是全世界最大的移动电话制造商。诺基亚将在整个产品生命周期当中都承诺减少对环境的影响写入了企业社会责任议程（Nokia，2004）。他们确定了一系列优先领域，它们是：

- 产品的能源效率。
- 产品所用材料组成的知识。
- 关于产品使用材料的数量和类型方面的考虑。
- 通过产品设计来推广高效使用、再利用以及回收材料的概念（Nokia，2004）。

目前的市场对手机产品有着非常可观的吞吐量。其中包含着相当多的宝贵资源。诺基亚参与了拆装方法的研究与设计，以确定如何使用最经济的方式来拆解他们生产的产品，从而追溯这些原材料。目前，移动电话当中65%～80%的材料是可以被回收和再利用的(Nokia，2006）。诺基亚移动电话经过粉碎和分类成不同材料流进行回收，并在其间提取出可回收材料或者珍贵材料。

诺基亚5510产品原型样机在设计当中融入了智能材料的运用，使得在产品寿命终止的时候，可以使用便利的方法主动拆卸开来（详见第四章）。活性成分将在被激发之前保持休眠状态，设计使然，在产品正常的使用过程当中，它是不会被激活的。然而，在产品寿命终止之后，所有产品会被回收，并加热到一个预定温度，接着，形状记忆合金执行零件就会自动弯折，打开本来扣紧产品后盖、显示板和显示窗口的卡扣（图6.10）。除此之外，用来制造螺栓和螺母的形状记忆聚合物会自动打开，使得螺母和自动退扣的螺栓自然分离（Tanskanen，2003）。

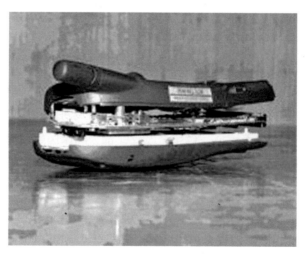

图6.10 诺基亚移动电话受热后的自动拆解效果（乔瑟夫·乔杜（Joseph Chiodo）博士，主动拆装研究公司（Active Disassembly Research Ltd.）授权转载）

小结

　　本章概括叙述了设计师如何才能在产品的开发过程中将环境问题考虑进来。诸多案例研究只是涵盖了现今市场当中主流产品的很小部分。仅举几例的话，主流市场的产品分别来自像飞利浦（Philips），AEG（德国电器公司，曾经是世界上最大的电器垄断企业——译者注），伊莱克斯（Electrolux），亨特利健康器材（Huntleigh Healthcare），赫曼·米勒公司（Herman Miller），铂傲（Bang and Olufsen），惠普（Hewlett Packard），苹果（Apple），领豪（Russell Hobbs），米勒（Miele），巴塔哥尼亚（Patagonia），Baygen 电力（如今的"自由行动电力 /Freeplay Energy"公司的前身——译者注），维坎公司（Wilkhahn，德国办公家具制造商——译者注），以及蓝线（Blueline）等公司。这些案例言之有据地展示了在产品寿命周期方面的探索可以带来多么不可估量的进展以及为制造商带来的充满创新感和拥有十足竞争力的产品。

　　在第八章里，笔者会进一步剖析设计这件事，并且介绍一些案例研究以供读者学习。这些案例不仅在环境保护方面表现卓越，而且运用了某些系统和服务手段，从而使它们在可持续发展的路上大踏步地前进。

参考文献

CSIRO Manufacturing and Infrastructure Technology (2005), 'Indoor Air Pollution – Assessment and Control' (Melbourne: CSIRO Manufacturing and Infrastructure Technology). Available at: ww.cmit. csiro.au/brochures/res/indoorair

Kodak (2001), 'A Tale of Environmental Stewardship: the Single-Use Camera'. Available at: www. kodak.com/US/en/corp/environment/performance/recycling/suc.shtml

Kodak Environmental Services (2002), 'Recycling One-Time-Use Cameras'. Available at: www.kodak. com/US/en/corp/environment/kes/recycling/otuc/usMinilabs.jhtml

Lewis, H., Gertsakis, J., Grant, T., Morelli, N. and Sweatman, A. (2001), *Design + Environment, a Global Guide to Designing Greener Goods* (Sheffield: Greenleaf Publishing).

Miele (2006), 'Washing Machines'. Available at: www.miele.co.uk

NAPCOR (2004), 'What is PET?'. Available at: www.napcor.com/whatispet.htm (Sonoma, CA: NAPCOR).

Nokia (2004), 'Environmental Report of Nokia Corporation'. Available at: www.nokia.com

Nokia (2006), 'Nokia Website'. Available at: www.nokia.com

Sarda Acque Minerali SpA (2004), 'EcoBottle – A Fast PET Recycling System'. Available at: http:// ecobottle.com/home_eng.htm (Selargius: Sarda Acque Minerali SpA).

Tanskanen, P. (2003), 'A New Life for Old Electronics'. Available at: www.nokia.com/nokia/0,,5719,00. html (Nokia Research Centre).

第七章 系统性和服务化——放眼未来

本章检视了怎样通过系统的创新以及怎样从服务的角度切入，来进一步改善可持续设计。本章关注的重点在于设计是如何将焦点从产品本身转移到服务方面的以及作为设计师，可以怎样影响将"功能"传递给客户的方式。

做设计的系统性方法

如今，研究者和执业人员对可持续设计的现有思考越来越多地变成了寻求用某种系统性的方法来解决问题，而且这种情况已经逐渐成为设计界的一股潮流。

"从摇篮到摇篮"

按照传统，为可持续而设计关注的是如何将产品对环境的破坏降低到最低程度，而终极目标则是产品制造达到"零垃圾"（zero-waste）的状态。然而，麦克多诺 [威廉·麦克多诺（William McDonough）美国生态建筑师——译者注] 和布朗加特 [迈克尔·布朗加特（Michael Braungart）德国化学家——译者注] 指出（2003），这一方法是有问题的，因为它只是将对环境的摧毁"减少那么一点"，而非将其全面停止。他们还指出，我们需要的是更有效的做法，而非更高效那么简单。要做到这一点，我们需要关注如何改进整个系统，以营造出这样的局面：消费量越是增加，破坏性减少得越快。如果这种情况可以实现，那将是一个相当诱人的命题——这个命题为设计提供了一个积极乐观的议程，并能同时对经济、环境以及社会这三方面提供支持力量。

麦克多诺和布朗加特（2003）提出了一个"从摇篮到摇篮"的设计方法。通过这种方法，一个系统中的产出（或垃圾）将成为其他流程或产品的输入（即养分）。这种设计方法可以保证整个系统更加可持续，而不是仅仅使某个特定的元素可以持续。这种方法最基本的原则是养分的创造，即废物等于食物，所有东西都可以对物质流动有所裨益。

通过"从摇篮到摇篮"的方法，制造过程中的每一个步骤和材料都被检视一番，所有排放物和产出的垃圾都被确认一番。最终目标是确定（对人类或者对环境的）毒性已经减低到最小，不当垃圾已经减少，而养分却可以得到增长。这一方法试图对在大自然中会自然发生的循环系统的运行模式进行复制。

"从摇篮到摇篮"的方法，划分出了两种截然不同的循环：生物养分循环、科技养分循环。这两种循环也就区分出了两种截然不同的产品："消费产品"和"服务产品"。"消费产品"是指那些在经过使用以后，会在生物学上和化学上产生变化的产品，比如食物。

而"服务产品"是指经过使用以后，产品只是"被用过"，而并没有实质上的改变，比如电视。那么，要运用这种"从摇篮到摇篮"的方法，设计时就必须明确区分开两种产品，在设计之初就确定自己的设计所遵循的是科技养分循环还是生物养分循环。设计师还需要确定用什么方法能够完成循环，以保证所有养分都能派上用场。

克莱美特斯（Climatex）面料

麦克多诺和布朗加特与"设织公司"（DesignTex，一家开发、设计、制造建筑应用材料的公司——译者注）以及一家瑞士纺织品工厂——罗纳纺织品股份公司（RohnerTextil AG）合作，创造出了一种充满吸引力又兼具功能性的纺织品。这种产品能够在物尽其用之后安全地重返自然并与其融为一体。要确定一种既有良好功能，又对环境无害，而且还符合社会公益的材料，实属不易。最后，他们确定了一个组合：散养羊毛和苎麻。这两种材料都有良好的吸湿透气性能，而且对环境来说都很安全。他们的团队还和瑞士化学制造商汽巴（Ciba）以及环境保护促进局（EPEA，1987年布朗加特在汉堡成立的环保组织——译者注）合作，选择了38种化学染色剂，辅助剂、稳定剂、以寻求达到标准却又不会伤害植物、动物、人类，或者生态系统的染色方法。最终的产品——克莱美特斯生化循环面料（ClimatexLifecycle），赢得了诸多设计奖项，并在市场上取得了巨大的成功。它的安全性之高，以至于它的装饰边被当地的花园俱乐部用作护根材料（Climatex，2006）。

系统创新

在图7.1中，从系统的角度进行革新的创意以及可持续设计能够带来的好处，都被清楚地表达出来了。如图所示，与环境改善紧密相连的四个不同阶段的革新，在超过20年的时间跨度上依次陈列（Brezed，1997）。第一个阶段的革新是产品改进。在这一阶段，基于防治污染和环境保护方面的考量，人们对现有产品进行改进，以保证产品的生产符合法律法规。第二个阶段的革新是产品再设计。这一阶段与第一阶段的理论基础是一样的，只不过产品的某些部件会有进一步发展，或者，会被新的部件所取代。这一阶段的目的是提高零件和原材料的再利用效率以及将产品生命周期各阶段的能量损耗降到最低——正如第六章当中的各个案例研究已经陈述过的一样。第三阶段的革新是功能革新。功能创新包括产品功能是如何执行完成的。这方面的案例在第八章都叙述过，其中包括用电子邮件代替纸媒信息的传播，或者用汽车共享系统来代替私家车。最高阶段的革新，关注的是系统革新。在这一类型的革新当中，由于在相关基础设施和组织内部需要变革，所以新的产品和服务被开发出来。这一类革新的实例包括以工业化为基础的食物生产模式来代替传统农业（Brezet，1997）。

图 7.1 表达了从第一阶段革新——产品改进，到第四阶段革新——系统革新的整个过程。这一过程需要并且会造成生态效率的增加，会消耗更多时间，并且还形成了更高的投入复杂度。这个模型意味着这种更加复杂的革新过程只能依靠组织和机构来实现。这些组织机构必须是那些已经开始考虑可持续发展以及系统的相互作用的组织结构，并且这一系列的革新过程会耗费大量时间成本。但是，只有通过这样的方式，才有可能达成更高水平的环境保障和社会进步，并同时获得更好的商业利益。

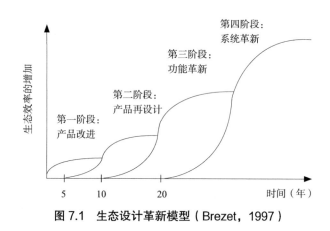

图 7.1 生态设计革新模型（Brezet，1997）

设计的服务化

西方世界的人，如今的生活已经被服务经济层层包裹。根据欧瑞国际信息咨询（Euromonitor，伦敦的一家私人所有的市场情报咨询公司——译者注）提供的信息，在 2000 年，欧洲联盟 68% 的国内生产总值产生于服务类经济（Euromonitor，2000）。在工业化国家，泛经济趋势已经从商品制造类转型到了服务供应类。1950 ~ 1990 年间，生产制造业占国内生产总值的比例从 35% 跌落到了 20%。然而，与此同时，服务业却从 32% 上升到 57%（Roy，2000）。这种情况并不是一夜之间就发生的。传统工业化经济发生了向新型服务化经济的转变。传统工业化经济的价值来源于材料产品的交换，而新型服务化经济的价值更多是和产品的性能以及实际使用效率的集成系统紧密相关的（Giarini and Stahel，1993）。在制造产品以满足人们的基本需求的过程中，服务已经成为必不可少的组成部分了（Giarini and Stahel，1993）。

　　除此以外，服务已经越来越多地和我们所购买的产品绑定在了一起。有一件事可以很好地反映这一点，那就是，一件产品的最终价值反映出了大量的创新投入和专业水准。在某些情况下，以服务为重心的产品渐渐赢得了越来越高的需求度。这种情况冲击了各个公司对自己的定位。现如今，很多制造公司都认为与服务相关的运营活动是他们经营发展的动力，因为当前为他们赢得最大利益的是他们所提供的服务，而不是他们所制造的产品（Seyvet，1999）。

　　通过将服务和他们所制造的产品进行绑定的这种举措，公司作为制造商，会与客户产生更高等级的互动。这种互动使得公司能够开发出更好的"产品服务混合体系"，然后增加该公司的行业竞争力。显而易见的是，服务经济正在稳步地、不断地延展自己的边界。要观察这种服务的增长，最有效的办法是去观察从营销产品到营销功能或者效用所发生的转移（White et al，1999）。

　　至今为止，从试图销售产品到试图推销服务的转变，都是被商业动机而非环境保护方面的考量所驱使的（European Commission，2001；Goedkoop et al.，1999；Rocchi，1997；Mont，1999，White et al，1999，Zaring et al.，2001）。这种商业动机包括增加企业本身的竞争力、降低运营成本、加快供应市场需求的速度、为客户提供更加方便 / 更加灵活的服务、提升企业形象，或抓住裂变式的经营机会（Rocchi，1997；White et al，1999）。然而，企业转型到着重服务的经营方式，获得了联合国环境规划署（the United Nations Environment Programme，UNEP）的认可，因为这种转型可以减少企业的生产和消费模式对环境的影响（UNEP-DTIE，2000；UNEP-DTIE，2001）。

从产品到服务

　　本书贯穿始终的一个主题是提请读者认识到组织机构需要大规模减少它们对环境的影响。为了达成这个目标，有一个可行的途径是寻找代替方法来传达产品功能——从产品转型到服务。很多专家都同意转型到服务以后对制造系统和消费系统的环境表现将有大规模的提升（Goedkoop et al.，1999；White et al，1999，Brügemann，2000）。正如先前所概述过的，布雷泽特（Brezet，1997）相信选择供应服务这条路可以带来显着的环境改善。

　　这种从"提供产品"转变到"提供服务"的制造商角色的转换，还有一个名字是"功能型经济"。功能型经济被认为是能够创造更加可持续的环境的经济类型。这种经济类型不仅是一种"顾客买的是功能与服务，而非商品本身"的经济类型，而且还是一种"目的是使用的资源越少越好，创造的价值越高越好，持续的时间越长越好"的经济类型（Stahel，1997）。

　　非物质化是一个将售卖实际产品转化到传递虚拟服务的过程。关于非物质化，一个很恰当的例子是售卖音乐的形式，从原来需要在实际商店中贩卖的 CD，变成了如今可以线上购买并下载的虚拟化音乐。248 首歌曲如今用一个内存 2MB 的 MP3 就可以容纳，而在此之前却需要 16 张 CD 才能收录。这种传递服务的新形式同时还满足了其他功能上的需求，例如音乐变得更便携，播放收听更加方便以及音乐的播放形式更加灵活。

产品类型和服务类型

产品和服务的区别其实很难界定。实践经验告诉我们，当商家提供的是产品—服务混合体的时候，产品和服务是有很强的连贯性的。这种混合体包括一定份额的原材料、有形资产以及其他剩下的无形资产。这一组成结构在图 7.2 当中有所表达。图 7.2 列出了 5 种类型的产品，从最单纯的产品递进到最单纯的服务：

1. 纯实体产品——只有产品本身，并没有配套服务，例如食盐，或者肥皂。
2. 实体产品搭配某些服务，例如汽车及其质量保证。
3. 产品服务杂交体——产品与服务占同等重要的位置，例如餐厅。
4. 服务占主要部分，辅助以次要产品或次要服务，例如航空公司。
5. 纯服务，例如保姆服务。

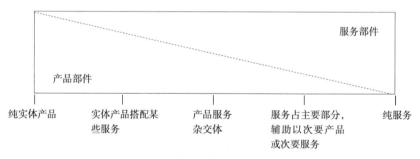

图 7.2　产品—服务的连贯性（Kotler，1994）

服务可以被看作是有形实体和客户需求之间的桥梁。通常来说，一项服务的主要目的是为顾客提供（产品的）增值部分，以保证客户满意度以及在市场中赢得竞争优势（Coskun et al.，1992）。在当今的市场中，移动性和灵活性占据了主导，商家都意识到了客户更想要的不再是某件产品的所有权，而是产品的使用权和产品的功能性（Popov and DeSimone，1997）。提供服务，便成为满足客户所需所想的关键途径。

斯塔赫尔（Stahel，1999）概括地比较了售卖产品的现存工业化经济和售卖性能的未来服务化经济。比较内容详见表 7.1。该表格从商业、公司和客户、消费者双重角度突出了各自的优势。

那些注重可持续发展领域内利益的服务类型被冠以很多不同的名字："生态服务"、"生态效率服务"、"可持续服务"、"产品—服务系统"、"可持续服务系统"以及"可持续产品—服务系统"。在本书当中，将采用"生态服务"一词代指这种服务类型。

服务化经济与工业化经济的比较（Stahel, 1999）　　　　表 7.1

售卖性能（服务化经济）	售卖产品（工业化经济）
服务，消费者满意度，结果	售卖的目标是一件产品
销售人员对性能的质量负责（效用、效能）	销售人员对制造质量负责（缺陷、瑕疵）
当性能交付生效之后，消费者才会付账（不满意不交钱）	物品产权转让的同时，消费者就需要付费（P-O-S 交易，P-O-S 或 POS，全称为"销售时点情报系统"，是一种广泛应用在零售业、餐饮业、旅馆等行业的电子系统，主要功能在于统计商品的销售、库存与顾客的购买行为——译者注）
现场工作（服务），全天候，不能储存，不能交换	中央集成式工作 / 全球化（生产），产品可以被储存，被再次售卖，或者被交换
用户没有权利或责任的转移	权利或责任转移到消费者身上
消费者的优势： • 使用过程中的灵活性 • 每个单位都有成本保障 • 零风险 • 性能好坏决定价值	消费者的优势： • 有增值的权利 • 产品可以作为身份的象征
消费者的劣势： • 没有增值的权利	消费者的劣势： • 在运用方面毫无灵活性 • 不能保证花销多少 • 操作和丢弃都有风险
市场营销策略——客户服务	市场营销策略——公开，赞助
价值理念——长期得以利用	价值理念——在销售终端，短期内有较高的交换价值

生态服务的类型

生态服务要么和产品紧密地联系在一起，要么就会代替产品而存在。生态服务可以被概括地划分为三种类型（Hockerts，1999）。这三种类型可以具象化为一个由三个阶梯组成的矩阵：产品至上型服务；使用至上型服务；以及需求至上型服务（图 7.3）。这些定义适用于代替产品的服务类型。

产品至上型服务

产品至上型服务的特点是，消费者拥有实体产品的所有权，而且和传统的"买进—卖出"机制相比，只表现出微小的不同。这种类型的服务通过质量保证和维修保养，强化了产品所有权传递给消费者的效益（White et al，1999）。制造商采用产品至上型服务的动机，从环保方面来讲，是由于这么做可以延长产品寿命。例如为洗衣机提供的维修服务，久而久之，洗衣机的消耗量就会变少，原材料和能源也可以被节省一些。除了环保方面的动机，还有一个非常诱人的商业动机驱使制造商们这么做。有一些制造商的经验告诉他们，他们通过提供这一类型的服务不仅获得了稳定的收入，而且还可以让消费者和公司之间的联系更紧密、更长久（Hockerts，1998）。除此以外，通过减少与每个单位性能相对应的原材料和能源的消耗量，这种类型的服务有助于降低公司传统的底线，增加公司利润。

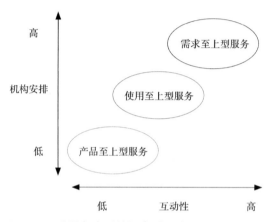

图 7.3　三种服务类型的概念对比（Hockert，1998）

使用至上型服务

在使用至上型服务的案例当中，产品的所有权留给服务供应商所有。消费者拥有商品的使用权，但是产品的保养维修责任以及产品寿命终止之后的处置责任，都需要服务供应商来承担（White et al，1999）。这样一来，用户在没有所有权的情况下得到了产品的功能。也就是说，物质产品只是暂时从服务供应商那里转移到了消费者手中。传统的租赁服务就属于这一情况。例如工具租赁、出租车服务以及汽车租赁。通过租赁系统，消费者可以在一段固定的时间内使用产品，却不需要购买以及拥有它们。在预期中，使用至上型服务能够提高的生态效率等级与产品高强度的使用率紧密相关，这是因为它可以导致所需产品的数量慢慢变少。举例来说，当人们租车的时候，汽车运行的总公里数和所需要的汽车总数量就变少了，而制造商或者运营商会赚取与客户得到的服务相等量的酬劳。在经济利益的驱使之下，他们会在提供单位数量的服务的同时，尽可能多地降低使用资源（原材料和能源）的数量。除此之外，所有的成本都会在产品寿命终止之前平均分摊到每个单位的服务时间上。

施乐复印服务（Xerox）

在 1987 年之前，施乐公司每年会制造出 60 吨土壤填埋垃圾，每年为此花费的垃圾处理费用达到 410 万美元。然而，通过回收和设备翻新，欧洲施乐公司省下了 800 万美元的成本，65000 吨材料免于变成填埋垃圾。

施乐公司建立了一套产品至上型服务，将他们的复印机租赁给公司行号，并提供回收、升级、保养和改制服务。施乐公司同时还建立了一套成效至上型服务，即消费者根据复印数量付款，而施乐公司提供所有设备、纸张以及碳鼓墨盒，来保证高质量的复印效果。

通过这种经营模式，施乐设计出了一套能够提供更多功能、提高产品使用率，却消耗更少量材料的方法。而现在，施乐的设计流程从概念设计之初就开始加入了可持续发展方面的考量，并且用一种"无浪费公司，提供无浪费产品，为无浪费办公而服务"的精神贯穿始终。

成效至上型服务

在"成效至上型服务"中，产品属于运营商所有，并由运营商代为运行。这种模式能够激励运营商加强和优化产品的操作以及努力延长产品的使用寿命。就拿某家除虫农药制造商举例好了，他们提供给农户一项"综合虫害管理"服务。这项服务培训农户如何使用除虫农药，并且为农户提供协助。这样一来，农户在驱虫农药方面最高可以节省达 50% 的花销，而且同时——很多农作物对过量农药有着不良反应，但现在农户却避免了这种情况的发生——增加了农作物的产量。在更加成熟的服务版本中，驱虫农药制造商甚至可以提供一项"农作物保险"，向农户保证某些种类的害虫不会感染他们的农田，然后服务提供商就应该负责所有的驱虫农药施用工作（Hockerts，1999）。就像这个例子展示的一样，消费者的需求是如何被满足的并不重要，只要它被满足就可以了。成效至上型服务的另一个特点是，由于服务供应商所做的是开发并提供某种"成效"，而不是先期就预定好的"产品"或者"服务"，所以他们可以从一开始就考虑这一切对于环境的影响。于是，单位数量的服务所消耗的原材料数量和能源总量就可以得到显著的降低（van der Zwan and Bhamra，2001）。举例来说，化学试剂管理服务（Chemical Management Services，CMS）是一种化学试剂供应商为工业客户提供的全面管理化学试剂的服务，其中包括化学试剂的采购、运输、检查、盘点、储存、标示以及处置工作。通过管理一切与化学试剂有关的事物，CMS 公司对他们的客户承诺：客户对化学试剂的消耗量一定会降低，从而将传统的供应商与客户的关系反转了过来：将之从利润与销售紧密相连的模式转变成了利润与效率紧密相连的模式（White et al, 1999）。

小结目的不同的各类服务

综上所述，一共有三种不同模式的服务类型。这三种服务类型展现出了公司与消费者之间的三种不同复杂程度的关系。表 7.2 针对这三种服务类型列举了割草机、洗衣机、汽车这三个案例，来表明这三种服务类型在实际运作当中是如何表现出来的。

不同服务类型的案例（Sherwin，1999）　　　　　　　　　　　　表 7.2

	从产品至上方面考量	从使用至上方面考量	从需求至上方面考量
割草机	质量保证、保养、维修、回收	分享使用，分担费用，共同使用	园丁服务
洗衣机	维修人员，保养	产品租赁，功能式销售，上门洗衣	洗衣服务，收集需要清洁的衣物，清洁完毕送还上门
汽车	延长保修期，常规服务	汽车长期租赁，拼车服务，汽车短租	运输，移动性，公共交通，互联网

生态服务的源动力

鼓励公司来提供生态服务的原动力有很多，其中包括来自于立法方面的压力、来自客户的希望和意愿、来自公司自己对环境和社会产生的责任感以及来自当局的绿色采购（green purchasing）号召。

可以设想，从产品到生态服务的转型，能够使家庭和制造商少一些废弃物管理问题，能够形成基于更高级别的服务的可持续经济，还能够带来更多的就业机会（UNEP-DTIE, 2001）。单位数量的材料产品会为劳动密集型服务创建更多的就业机会。这些工作包括回收系统、维修维护、返厂翻新，或者拆卸分解。这种转型还可以为地方市场提供就业机会，继而为加强地区经济做出贡献——因为服务业总体来说是与所在地区紧密相连的。

对消费者来说，从产品到生态服务的转型会在购买、使用、维护和最终的替换产品方面节省开支,减少问题(UNEP-DTIEy, 2001)。服务的质量以及消费者的满意程度，都会随同生态服务的出现而提升。这是因为服务供应商会主动去恰当地使用和维护设备，从而提升效率与效果。这种转型还有可能带来市场的多样化。这可能包括保养和维修服务、支付计划以及不同类型的产品使用计划。这些多样化选择和拥有产品的所有权责任相比，会更好地适应客户需求（Mont, 1999）。

生态服务的屏障与壁垒

然而，当公司立志要开始提供生态服务的时候，确实有一些不容忽视的屏障和壁垒需要被克服。绝大部分公司缺乏对服务方式以及管理系统的设计经验（UNEP-DTIE，2001）。提供服务是需要商家对商业业务、生产流程有着更深刻的理解的，而且当服务供应商需要接手那些曾经是内部活动的工作时，在商家和消费者之间的更深层次的信赖感也需要被建立起来（White et al，1999）。总的来说，不管是供应方还是需求方，大家对生态服务（以及整个服务业）的成本都缺乏了解。这导致很难确定到底该如何为知识和信息定价（White et al，1999）。在作出购买决定的时候，与此相关的可用信息，比如说所有权的生命周期成本，对消费者来说通常都相当匮乏。对于某些服务类型来说，消费者心理可能会是一个重要的屏障，因为提供服务可能意味着向不拥有所有权的境况靠近。更重要的原因是，当今的经济和社会的基础设计都发展成了一种强化个人主义的生活方式以及基于私人消费的日常活动（UNEP-DTIE，2001；White et al，1999；Cooper and Evans，2000）。

生态服务带来的环境反响

虽然将生态服务作为切断经济增长与自然资源消耗之间纽带的解决方案，如今备受推崇（Goedkoop et al.，1999），然而，引入生态服务所会造成的环境影响还没有被详细地研究过（Mont，1999）。至今为止，还没有结论性的证据证明，使用这些服务能够给可持续发展带来积极影响。然而，对于生态服务会造成的对环境具有正面影响的一般性假设，都基于这一点：制造商得到客户支付的费用，然后为客户提供服务，那么，制造商就应该会出于经济考虑主动优化资源的使用量。这种出于经济方面的考量会转而刺激技术革新、组织革新以及市场革新。由于所有和产品整个生命周期相关的成本都出自商家，所以这些革新都会被服务所导向，是全面面向产品的整个生命周期的（Meijkamp，2000）。

表 7.3 列举了生态服务可能存在的一些优点和缺点（European Commission，2001）。撇开环境方面的缺陷不谈，由于服务策略可能会被产品至上型公司所摒弃，也可能不会被消费者接受，或者产生回弹效应，所以服务策略并不会总是受到青睐（Brügemann，2000）。

短租服务（renting）与长租服务（leasing）可能存在的优点与缺点
（European Commission，2001）　　　　　　　　　　　表 7.3

短租带来的环境影响	
可能会对环境造成的正面影响	**可能会对环境造成的负面影响**
• 购买的货品减少 • 可以采用更加昂贵的、在环境保护方面表现更良好的货品（由于产品不同，对环境的影响可能是 + 或者 -） • 保养方面的改进 • 产品使用强度增加	• 可以采用更加昂贵的或更加高质量的货品（就拿汽车来说，这可能会导致更多的汽油消耗量） • 对某些特定产品来说，需要运输 • 用户对产品的责任感降低 • 在试用期过后却因而购买了产品

续表

长租带来的环境影响

可能会对环境造成的正面影响	可能会对环境造成的负面影响
• 对环境链接管理来说有更多可能性（回收，产品再利用）	
• 在使用的各个阶段以及产品回收和弃置过程中，租赁机构可以监控产品	• 在额外的需求量刺激下，会导致更高速的原材料流动
• 租赁公司会关注如何提高被租赁产品的耐用度，延长使用寿命	• 租赁物品比私有物品寿命要短
• 可能发现最佳技术寿命	• 消费者对产品无责任感可能会导致不负责任地使用的状态
• 家电使用更高效	• 更有可能轻易更换产品
• 可以使用更多创新科技，例如太阳能系统和热泵（热泵是一种高效加热装置，将能量由低温处传送到高温处——译者注）	• 使用强度和花销无关，会导致重度使用（例如租车）

* renting 通常是指自动续约的短租，通常是月租；leasing 通常是指不会自动续约的长租，通常是半年到一年—译者注。

回弹效应是一种可能由为消费者提供服务而带来的产生负面环境影响的效应（Mont，1999；Zaring et al.，2001）。某样东西的价格越低，那么它的需求量就越有可能随之升高。因此，如果生态服务能够导致某种行为或者货品的降价（例如由于生态设计的引入，导致能源或者原材料的需求下降，继而拉低产品的价格），那么，它们的需求量就很有可能升高。随之而来的问题就变成了：每个单位数量的产出所减弱的正面的环境影响是否会被需求量的上升所产生的负面环境影响所抵消（Zaring et al.，2001）？

- 直接效应——引入某种新服务之后，会造成有紧密联系的某件产品或某种行为的需求量增长。

- 间接效应——引入某种新服务之后，会造成有相关联系的某件产品或某种行为的需求量增长。

- 平台效应——引入某种新服务之后，会广泛而全面地影响到某些因素，从而改变生产和消费的水平以及模式。举例来说，在线学习（e-learning）服务造就了很多受到更好教育、更富有的个人，于是他们变得有更多机会消费和旅行。

值得注意到的是，以上这些回弹效应中的某些效应，如果以经济观点分析，会被认为是积极正面的结果。

生态服务对设计来说意味着什么

如果商业模式向生态服务方面发展的潮流越来越明显，那么，这种情况将会对设计活动造成不容忽视的影响。设计师应该能够清楚地观察到自身角色在生态服务发展大潮当中的位置，而不是被服务经济的崛起所威胁。就像本章早些时候解释过的一样，生态服务由于其本身的性质，所以是由产品和服务双重成分混合构成的。设计师面临的有趣的挑战是，要抓住由于现有的产品不可能完完全全地适应在生态服务模式中的使用而为设计制造出的一系列有意思的机会。生态服务所需要的产品很有可能需要比现今存在的产品更加坚固耐用，而且也有可能需要一些不同的特点，来反映服务方面的需求。

对设计师来说，很重要的一点是意识到，和产品相比较，服务是无形的。所以，通常来讲，很难对其进行展示、沟通和定价。同时，它们也很驳杂，因为它们有可能包含一些多元化的不同的构件。这将会导致它们很难保证质量的稳定以及消费者的满意程度。服务和产品不同的地方还在于制造和消费是同步发生而非分开运作的，因此，大规模制造（以及与之相辅相成的经济规模）可能很难达成。产品总的来说被认为是不易腐坏的，但是，对于服务来说，就截然不同了。因为不可能储存起一项服务，或者大量囤积某项服务。服务的供应必须与需求量高度同步，因为它们不能够被退回或者转售（Zeithaml and Bitner，1996；Gabbott and Hogg，1997）。

小结

预计在未来几年，系统和服务将会变得越来越多产。可以预测的是，这种现象会被若干消费者发展趋势和行业发展趋势所影响。消费者发展趋势包括越来越多的产品可以根据客户的需求进行定制，导致大规模定制潮流的兴起。此外，消费者慢慢开始将产品和服务看作是同一桩商业交易的两个组成部分，所以，产品和服务之间的界限将越来越模糊。

行业发展趋势包括灵活的生产网络以及精益生产组织越来越多。这是因为在耐用品部门里，消费者可以决定哪些产品需要被制造出来以及何时将它们制造出来。这时，服务就可以定期进入到生产基础设施和消费者个人需求的中间，来弥合两者间的缺口。行业发展的趋势还包括逐渐增长的硬件和软件的运用，以提高服务水准或者降低服务成本。

最近，环境保护政策方面的改变提及了生产与消费方面的联合变化，并考虑到了系统和服务可以为设计师在这方面做出巨大的贡献带来机会。最近的政府展望文件（visionary documents）也表明了需要将可持续发展整体地，而非零散地，统合到系统性改革当中来的必要性。第8章提供了一系列案例研究，展示了这些理论性原理在实际情况下可以被怎样加以运用。

参考文献

Brezet, H. (1997), 'Dynamics in Ecodesign Practice', *UNEP IE: Industry and Environment,* 20, pp. 21–24.

Brügemann, L. (2000), 'MSc Project Exploratory Study on Eco-Efficient', Doctoral thesis (The Netherlands: T.T.U. Delft).

Climatex (2006), 'Climatex Lifecycle'. Available at: www.climatex.com

Cooper, T. and Evans, S. (2000), *Products to Services* (London: Friends of the Earth Trust).

Coskun, A., Samli, L., Jacobs, W. and Wills, J. (1992), 'What Presale and Postsale Services Do You Need to Be Competitive', *Industrial Marketing Management*, 21.

Euromonitor (2000), 'Euromonitor', p. 142 (London: Euromonitor).

European Commission (2001), *Eco-services for sustainable development in the European Community* (Brussels: European Commission).

Gabbott, M. and Hogg, G. (1997), *Contemporary Service Marketing Management* (London: Dryden Press).

Giarini, O. and Stahel, W. (1993), *The Limits to Certainty: Facing Risks in the New Service Economy* (Dordrecht, The Netherlands: Kluwer Academic Publishers).

Goedkoop, M. J., Van Halen, C. J. G., Te Riele, H. R. M. and Rommens, P. J. M. (1999), 'Product Service Systems, Ecological and Economic Basics Report of Pi!MC, Storrm C. S. & Pré Consultants', Commissioned by the Dutch Ministries of Environmental and Economical Affairs.

Hockerts, K. (1998), 'Eco-efficient Services Innovation: Increasing Business-Ecological Efficiency of Products and Services' in *Greener Marketing: A Global Perspective on Greening Marketing Practice*, Charter, M. and Polonsky, M. J. (eds.) (Sheffield: Greenleaf Publishing).

Hockerts, K. (1999), 'Innovation of Eco-Efficient Services: Increasing the Efficiency of Products and Services' in *Greener Marketing: A Global Perspective on Greening Marketing Practice*, Charter, M. and Polonsky, M. J. (eds.), pp. 95-108 (Sheffield: Greenleaf Publishing).

Kotler, P. (1994), *Marketing Management; Analysis, Planning, Implementation and Control* (Englewood Cliffs, NJ: Prentice-Hall, International Inc.).

McDonough, W. and Braungart, M. (2003), *Cradle to Cradle: Remaking the Way We Make Things* (New York: North Point Press).

Meijkamp, R. (2000), 'Changing Consumer Behaviour through Eco-Efficient Services: An Empirical Study on Car Sharing in the Netherlands', Doctoral Thesis (The Netherlands: Delft University of Technology).

Mont, O. (1999), 'Product-Service Systems, Shifting Corporate Focus from Selling Products to Selling Product-Services: A New Approach to Sustainable Development' AFR Report No.: 288 (Sweden: Swedish EPA).

Popov, F. and DeSimone, D. (1997), *Eco-Efficiency - The Business Link to Sustainable* (Cambridge, US: Development, MIT Press).

Rocchi, S. (1997), 'Towards a New Product-Services Mix: Corporations in the Perspective of Sustainability', Doctoral Thesis (Lund, Sweden: Lund University).

Roy, R. (2000), 'Sustainable Product Service Systems', *Futures*, 32, pp. 289-299. [DOI: 10.1016/

S0016-3287%2899%2900098-1].

Seyvet, J. (1999), 'Presentation at the O.E.C.D. Business and Industry' Policy Forum on Realising the Potential of the Service Economy (Paris: O.E.C.D.). Available at: www.oecd.org/dataoecd/10/33/2090561.pdf

Sherwin, C. (1999), *Service Design: from Products to Service – Satisfying Consumer Needs Using Eco-Efficient Services* (Cranfield: Cranfield University).

Stahel, W. (1997), *In the Industrial Green Game: Implications for Environmental Design and Management National* (Washington, DC: Academy Press).

Stahel, W. (1999), 'From Products to Services or Selling Performance Instead of Goods' presented at Ecodesign '99: 1st International Symposium on Environmentally Conscious Design & Inverse Manufacture IEEE Computer Society, Japan.

UNEP-DTIE (United Nations Environment Programme Division of Technology, I. a. E) (2000), 'Product Service Systems: Using an Existing Concept as a New Approach to Sustainability', provisional draft, Expert Meeting on Product Service Systems Paris, France.

UNEP-DTIE (United Nations Environment Programme Division of Technology, I. a. E) (2001), 'The Role of Product Service Systems in a Sustainable Society', Brochure, Paris, France.

van der Zwan, F. and Bhamra, T. A. (2001), 'Alternative Function Fulfilment: Incorporating Environmental Considerations into Increased Design Space' presented at 7th European Roundtable for Cleaner Production (Sweden: Lund).

White, A. L., Stoughton, M. and Feng, L. (1999), *Servicing: The Quiet Transition to Extended Producer Responsibility* (Boston: Tellus Institute).

Xerox (2000), 'Recycling Systems'. Available at: www.fujixerox.co.jp/eng/ecology/report2000/pdf/14-20.pdf

Zaring, O., Bartolomeo, M., Eder, P., Hopkinson, P., Groenewegen, P., James, P., de Jong, P., Nijhuis, L., Scholl, G., Slob, A. and Örninge, M. (2001), 'Creating Eco-Efficient Producer Services', Report 15th February 2001, Gothenberg (Gothenberg, Sweden: Research Institute).

Zeithaml, V. and Bitner, M. (1996), *Services Marketing* (Singapore: McGraw-Hill).

第八章 系统性设计和服务化设计的案例研究

第七章叙述了如何通过从系统性和服务化的角度来传递交付产品的新思路，在可持续发展上取得巨大的进展。本章介绍了10个涵盖各行各业的研究案例。这10个研究案例展示了若干传递交付产品时更彻底的方式，而且点出了这些方式是怎样给环境带来可持续性改善的。另外，还描述了这些方式会给消费者方面、公司方面以及社会方面带来的其他益处。

Mirra 座椅，赫曼·米勒

从20世纪50年代起，赫曼·米勒公司（Herman Miller）就把他们自己看成是"环境大管家"，并对企业可持续发展作出了郑重承诺。他们拥有一个"为环境而设计"（Design for the Environment, DfE）团队。这个团队会对所有新产品和现有产品施用麦克多诺-布朗加特（McDonagh-Braungart）的"从摇篮到摇篮"（Cradle-to-Cradle）协定（在第七章进行过概述）。新产品设计会通过材料化学和输入安全、拆卸以及回收等方面来进行评估（Herman Miller, 2005）。"从摇篮到摇篮"的方法保证了产品被看作一个大的广阔系统中的一小部分，因此，在整个系统的众多元素当中，产品被设计成对环境影响越小越好的样貌。

Mirra 座椅（图8.1）是第一件从一开始就依照 DfE 团队的指导而设计出的办公产品。这件产品在2003年发布成功。椅子由钢材、塑料、铝材、泡沫以及织物构成。其结果就是，在产品寿命终止之后，有96%的材料可以被回收。该椅子在制造过程中还采用了42%的回收材料，而这些材料当中又有31%是从消费垃圾中取得的（Herman Miller, 2005）。

Mirra 座椅的其他材料选择上的特点包括：

- 在润饰整理的工艺流程中，大部分金属零件都经过喷粉涂层处理，以隔绝溶剂和挥发性有机化合物在使用过程中可能会对产品的侵蚀。
- 所有塑料部件的制造过程都为便于回收做好准备。
- 没有使用 PVC（聚氯乙烯）。
- 椅子靠背当中的高分子成型背板最多可以回收再利用达5次之多。
- 椅子当中的织物材料有一些可以百分之百被回收。
- 包装材料包括瓦楞纸箱以及聚乙烯塑料袋。这两种材料都可以在闭合的循环内进行回收再利用。

图 8.1 Mirra 座椅

版权所有赫曼·米勒有限公司

　　赫曼·米勒对可持续发展作出的郑重承诺还延伸到了他们的生产制造设施上面。他们（包括 Mirra 座椅在内）的很多产品都是在百分之百使用绿色能源的生产线上生产出来的。这些能源一半来自风力发电机，一半来自垃圾填埋气发电。在生产过程当中，生产线不会向空气或者水中排放污物，所有的固体废物都会尽可能地被再次回收利用（Herman Miller，2005）。

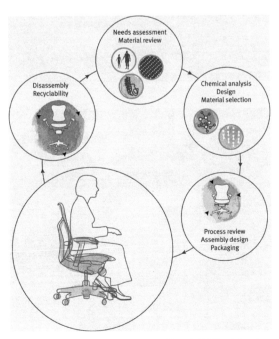

图 8.2 Mirra 座椅的"从摇篮到摇篮"分析图

版权所有赫曼·米勒有限公司

该产品的主要性能包括：经济实惠；可以快速替换的零件相当容易安装；为了便于回收利用，该产品也非常容易拆卸；结实耐用。这一切都是以赫曼·米勒公司的 12 年质保、三轮保修作为坚固后盾的（Herman Miller，2005）。

福特 U 系列概念车

2003 年，由福特的研究与高级工程团队和品牌形象团队组成的协作小组，在麦克多诺和 BP（BP：一家石油公司——译者注）以及一个主要的技术供应商的带领下，开始着手解决汽车行业面临的关键问题。问题包括尾气排放、安全保障以及燃油经济性等。同时他们还将绿色材料和环保工艺结合了进来（Ford，2005）。于是，福特U 系列概念车（Model U Ford）就在这样的情况之下诞生了（图 8.3）。

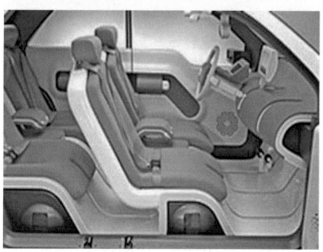

图 8.3　福特 U 系列概念车的外观与内饰（福特汽车有限公司授权转载）

福特 U 系列概念车可以进行重构的内部装饰和外部构造，决定了它可以接受持续不断的升级。在地板、门板以及仪表盘上面的一系列插槽，可以使扶手、无线开关，或者任何其他附件之类的不同构件被随意安装、移动或者后续添加。这套插槽系统可以让用户自由地将个人的配件转移到其他车辆之上进行使用，也可以在该车进入二手车市场的时候迅速改变车辆的外观。这些插槽的目的是提供电力以及接驳进入汽车电子网络的能力。这样一来，乘客就可以插入 DVD、电脑，或者游戏系统。汽车的外观部分突出了可以自动伸缩的电动车顶、后窗、尾门和后备箱，以方便汽车从全封闭式变成开放式（Ford，2005）。后座部分也是被设计连接在卡槽之中的。这样一来，将后座向前移动就可以提供更大的后备箱空间；也可以将后座放平，这样一张简易的床就诞生了。后座乘客面前还配有小型屏幕，以供娱乐放松时使用。

福特 U 系列概念车配有一个 2.3 升、四缸增压的中冷液氢内燃机，并搭配了油电混合动力的传动系统（Ford，2005）。这相当于燃油效率达到了 45 英里每加仑（约等于 19 公里每升——译者注），里程达到了大约 300 英里（约 483 公里——译者注），接近零排放，而且二氧化碳排放量降低了 99%。该概念车的引擎还设计有模块化混合传动系统。这个系统让电动机同时可以具有飞轮、起动机、交流发电机以及混合牵引电机的作用（Ford，2005）。这意味着，当驾驶人在交通灯前停下来的时候，引擎会自动关闭以节省汽油。当油门再次被踩下去的时候，电动机将即时启动引擎，在 300 毫秒之内车体就可以开始移动（Ford，2005）。

福特 U 系列概念车还配备了时下最先进的对话语音系统。借助这一系统，驾驶员可以通过自然的语言操作控制娱乐、导航、手机以及天气之类的车载系统。这套系统还可以通过一系列特性，帮助驾驶员防止事故的发生（media.ford.com，2005）。

在福特 U 系列概念车上面运用的材料，是为了保证乘坐人员的最佳健康水准而经过设计和挑选的。和传统材料的"从摇篮到坟墓"的寿命周期不同，福特 U 系列概念车采用的材料是以"从摇篮到摇篮"为宗旨来进行设计的。这意味着，这些材料永远不会成为垃圾，却会成为养分。它们在寿命周期结束之后，抑或化为堆肥，抑或重新进入到生产过程中去（Ford，2005）。这些材料包括：

- 座椅、仪表板、方向盘、头枕、门饰板以及扶手等部件中的可回收的聚酯纤维；
- 可伸缩的帆布顶棚和地毯地垫当中的以玉米为基础的生物聚合物；
- 轮胎当中的一部分以玉米为基础的替代性填充材料——为了提高滚动阻力和燃料经济性，它们替代了部分的黑色橡胶；
- 后尾门和侧板当中的以黄豆为材料基础的复合树脂；
- 座椅当中以黄豆为基础的复合泡沫；
- 便于保养和返厂再造的、可以互换的通用型扶手；
- 重量轻、可回收的铝质车身（Treehugger，2004）。

生态厨房

1998 年，克兰菲尔德大学（Cranfield University）的研究人员与伊莱克斯（Electrolux）的设计师进行合作，共同创造出了生态厨房（EcoKitchen）的概念。该项目不是简单地将环境问题整合在产品开发过程当中进行考虑，它还选择了从整体的角度审视厨房——这样做的目的是更好地探究各个产品系统及其之间的关系，而不被现有产品的条条框框所限制（Sherwin and Bhamra，1999）。为了开发一系列新的产品概念，该合作小组将以下两部分信息进行了结合：一方面是他们对厨房"使用"阶段的理解——这一阶段会对环境造成最巨大的影响；另一方面是他们对文化和生活风格方面拥有的知识——这些方面与用餐需求、饮食习惯以及个人与产品的互动关系息息相关。接下来将展示两则该小组的工作成果。

图 8.4 所示的"信息墙"，是厨房的大脑区域。这是一款数据产品，可以帮助管理、收集和反馈家用能源的使用情况。信息墙通过和厨房的大部分电器相连，来收集各产品的能源用量级别。与此同时，该产品还具有库存查询的功能，包括食材储量、消耗量、新鲜度以及保质期。信息墙还和超级市场相连接，以方便在家购物和联系送货上门服务。另外，信息墙还包含"菜单大师"功能——该功能可以向用户提供关于菜谱、烹饪技巧以及健康和膳食方面的建议。在这个信息界面的背后，是厨房的储物柜，里面收纳了非一次性的置物盒，以供用户使用（Sherwin and Bhamra，1999）。

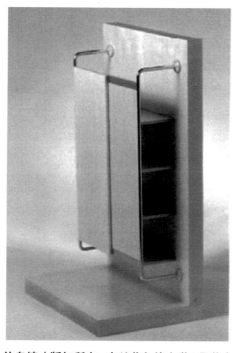

图 8.4 信息墙（版权所有：克兰菲尔德大学 / 伊莱克斯公司）

　　图 8.5 展示的"智能水池"是家庭水源管理系统的核心。它是一个由膨胀材料构成的膜结构水池，当水池注满水的时候，会自动变大，以节省用水量。该水池还配有智能龙头开关，可以根据您的需求变换喷射、喷洒或喷雾等多种功能。在主面盆内的水量消耗计和水位计可以对用水情况给出费用和等级上面的反馈。家庭中水（中水 / reclaimed water，也叫再生水、再造水或回收水，是经过处理的污水回收再用。因为城市建设中将供水称为"上水"，污水排放称为"下水"，所以中水取其两者之间的意思——译者注）通过位于水池底座当中的反渗透净水器和旋风过滤器进行可视化的管理，并且连接到家庭中水储存系统（Sherwin and Bhamra，1999）。

图 8.5　智能水池（版权所有：克兰菲尔德大学 / 伊莱克斯公司）

　　通过以上这些概念设计，展示了设计师如何才能用系统性的方法来考虑如何设计符合可持续发展要求的产品。通过将厨房整体地考量为一个系统，而不是当作一些单独的产品去看，可以使创造出的产品相互联系并且互相配合，从而使得靠分享信息和分配资源来完成任务成为可能。这种创新方式会为可持续发展以及用户双方面都带来显著的收益。

地毯砖，英特飞模块地毯有限公司

　　1973 年成立的英特飞公司，已经在设计制造商业地毯以及室内纺织品的领域发展成为了世界级的行业领袖。当发现人类对于不可再生的石油资源的耗费会对环境造成负担时，英特飞公司就承诺要减少垃圾排放、闭合材料循环，并且将业务重点从售卖产品转移到提供服务上来（Anderson，1998）。英特飞模块地毯有限公司（InterfaceFLOR）就是英特飞公司专注于地毯砖（Carpet Tiles）方面的分公司。

1995 年，英特飞模块地毯有限公司推出了"长青租赁"（Evergreen Leasing）服务系统。该服务系统的一部分内容是将地毯租借给客户，同时向客户逐月收取租金。也就是说，客户并不需要购买地毯（图 8.6）。与此同时，英特飞模块地毯有限公司承担对地毯进行终身保养的责任，翻新、替换破损的地毯砖，轮流交换高使用率区域（例如走道）和低使用率区域（例如桌子下面和家具下面）的地毯砖。在完成自己的使命之后，地毯砖会被回收利用、降等利用或换作他用，而不是被弃置变成填埋垃圾（Interface，2006c）。

图 8.6　运用"长青租赁"系统的英特飞模块地毯

通过一个名叫"收回"的服务系统，英特飞模块地毯有限公司安排了旧地毯砖的回收工作。如果收回的地毯砖品相良好，则将在清洁过后被捐赠给一个非营利性组织以供再利用；而品相中差的地毯砖将被再次加工。英特飞模块地毯有限公司会回收地毯砖的尼龙面材，然后将之再利用到地毯砖生产当中去；或者将之降等利用，以制作像成型汽车零件或衬垫这样的二级产品。而地毯砖的背板部分会被收集起来，用于再制造新的地毯砖背板（Interface，2006b）。

与开发以服务为基础的经营模式相辅相成的是，英特飞模块地毯有限公司还一直持续开发经久耐用、迎合可持续发展的产品。这些产品的特点是：用更少的材料体现了更高的价值；最大限度地减少了垃圾制造量；运用可翻新、回收材料，或可回收的材料进行制造；拥有超长的使用寿命；容易清洁、容易更换、容易修理、容易回收、容易再利用。"熵"（Entropy）系列地毯砖，借鉴自然来融入设计哲学。运用仿生学原理，"熵"系列地毯砖模拟了能在自然界中找到的无序色彩和图样。每一块"熵"地毯砖都是独一无二的，因此可以使用无序、无定向的方式进行排列。由于其色彩和图样的随机特性，使得这个系列的地毯砖可以轻易地被替换，污染和染色会被标记，并能减少浪费（Interface，2006a）。

Tirex 地毯转（图 8.7）是由百分之百的回收汽车轮胎制造而成的。这种产品不仅仅可以向客户直观地展示出他们在环境问题上持有的态度，而且拥有超乎想象的耐用性能，并有一种散发着"经典味道"的风格。

图 8.7　Tirex 地毯砖（英特飞模块地毯有限公司授权转载）

英特飞模块地毯有限公司对可再生能源的探索主要是为了减少对石油产品的依赖性。他们实现这个目标的一个重要举措是参与开发生态材料。聚乳酸（Polylactide，PLA）是一种具有多种用途的、可降解化作堆肥的聚合物。它是由葡萄糖构建而成的一种由谷物或玉米颗粒当中的淀粉提炼出来的纯天然糖类。这种葡萄糖被发酵成乳酸，以作为 PLA 的基础构成成分（Dow，2003）。从 PLA 中挤压出来的纤维被英特飞公司用于创造纱线，从而制造出地毯的表面纤维部分。PLA 在被当作堆肥之后会进行生物降解，也可通过焚烧炉进行焚烧，或者被回收制造乳酸，从而改善将废旧地毯送至垃圾填埋场进行填埋的现状。

一次性摄录一体机，普乐数码科技公司

在 2005 年，旧金山的普乐数码科技公司（Pure Digital Technologies Inc）向美国市场推出了一种一次性使用的数码摄录一体机（One-Time-Use Video Camcorder，图 8.8）。该摄录一体机重量少于 150 克，尺寸就像一沓扑克那么小。它拥有一个 35 平方毫米的彩色 LCD 显示屏——既可以做取景框，同时也是已拍照片浏览框，还有四个按钮——开关键、播放键、录像键、删除键。镜头和麦克风在机身前端，而录像内容被记录在一个内置的 128 兆内存卡上。这张内存卡可以储存长达 20 分钟的录像。这架 VGA 摄录一体机每秒捕捉 30 帧画面，分辨率是 640 x 480，拥有 VHS 级别质量，允许用户进行回放和删除影片的动作。这台摄录一体机售价 30 美金。

图 8.8　一次性摄录一体机，普乐数码科技公司（普乐数码科技公司授权转载）

当消费者拍摄好他们所需要的录像内容之后，需要将摄录一体机返还给商店。接着，店员就会将该摄录一体机和电脑相连，导出影片，并刻录在一张 DVD 上面。整个流程会花费 30 分钟左右的时间，之后消费者会得到他们的 DVD 以及一款特制的软件，用来将录像内容通过 email 发送出去。这整个流程现价 13 美金。

为了减少填埋垃圾的制造量以及维持他们为提供高品质数码产品所投入的资本，普乐数码科技公司将这种一次性数码摄录一体机设计成了可以返厂翻新的产品。当机体内的影像资料被导出之后，他们便将机器进行回收，在必要的情况下进行翻新，最后重新包装，以售卖给其他消费者。该公司声称，他们的每件相机都可以被反复利用

达到 5 次左右。

这种一次性数码摄录一体机是一项产品至上型服务。消费者购买产品，进行短期使用，然后返还给制造厂商，以进行若干次的再利用或再售卖。一些批评家指出，30美金对于 20 分钟的录像来说相当昂贵，但是这件产品使得那些没有能力负担摄录一体机的消费者，能够在需要的时候有的可用。这件产品也让那些拥有摄录一体机的消费者在某些不想携带贵重物品的场合下有的可用。这件产品获得的巨大成功证明了付费换取产品的使用权对消费者来说还是颇具吸引力的。

图 8.9　一次性摄录一体机的包装（普乐数码科技公司授权转载）

租车俱乐部

在整个欧洲，各地都有租车俱乐部（Car Clubs）的踪影。它们提供了一种广受欢迎的使用至上型服务。这种服务实质上是允许客户单位里程所花费的金额支付费用来租赁车辆——而非购买一辆车——的一种服务形式（Manzini and Vezzoli, 2002）。拥有租车俱乐部会员身份的消费者可以在一天 24 小时当中的任意时间租用一辆车，租赁时长为一小时起。消费者可以通过电话或者网络，向总部预定一辆汽车，而汽车就停在自己住家或是离工作场所很近的特定停车场，短时间的步行就可以到达。汽车钥匙在停车场附近的保险箱或者在车内，通过刷智能卡就可以拿到。消费者需要付一笔月租费，外加根据租用时长以及里程决定的使用费。

汽车租赁增加了汽车的使用率，这就意味着在固定的旅程需求量下，车辆的所需数量会有所减少（Manzini and Vezzoli, 2002）。加拿大的一家提供租车服务的公司"车分享"（AutoShare），评估得出了一个结论：每一辆被"分享"的车辆都可以替代 5～6 辆私家车（Manzini and Vezzoli, 2002）。他们还发现，租车会员和私家车主比起来更少开车，因为驾驶量和使用时间决定的使用费用直接挂钩。可想而知，这种情况间接地降低了汽车污染排放量。对于每年开车、用车少于 12000 公里的司机来说，租车比买车更省钱、更保险、更干净，而且更容易保养。一个成功而有效的商业模式应该同时具备这几个特点：可以为消费者省钱；减少消费者给该地区带来的影响（当下就是指高污染量）；可以向消费者提供潜在性的更佳选择。这种商业模式的本质是：由于任何旅程都没有唾手可得的车辆可供使用，于是这等于向消费者提供了更加健康、积极的生活方式，从而使得社会向着更加可持续的方向发展。

位于伦敦萨顿区的贝丁顿生态村（BedZED，全名 Beddington Zero Energy Development）的 ZED 租车俱乐部，是英国第一个作为全局设计中的一个组成部分而出现的租车中心。这个租车中心帮助降低了大约 50% 的车位需求量（Carplus, 2006）。

图 8.10 租车俱乐部（小城租车俱乐部（CityCarClub）授权转载）

数字化音乐发行

直到最近，录制音乐的所有权形式，在本质上还是和物理媒介，例如卡带以及最近出现的 CD 绑定在一起的（Grech and Luukkainen, 2005）。然而，新型编码技术的出现（如 MP3 格式），与互联网、宽带技术的飞速发展相结合，使得音乐的数字化发行（Digital Music Distribution）成为可能（Grech and Luukkainen, 2005）。

关于数字化发行会对环境造成的影响，一项相关研究指出，在假设能够使用高速互联网连接，并且不会导致音乐下载数量增加的情况下，借助下载压缩文件这种形式的数字化音乐发行，和在大街上或在网上购买 CD 相比，要更环保——即使在大街上或网上购买的是刻录在 CD 上的数字化形式的音乐（Türk et al.，2003）。有趣的是，在互联网连接速度较慢的情况下，刻录光盘的较低效率——例如用整张空白 CD 刻录较少的文件，或者无次数限制访问导致的"未选中"的下载情况——会比实体购买和网络购买消耗的能源更多。换句话说，消费者的行为模式以及数字化音乐将要通过何种形式提供给消费者，都会在很大程度上影响音乐数字化发行可以带来的节约程度（Türk et al.，2003）。提供音乐下载而不是音乐串流（在线即点即听的播放形式，与"下载"相对——译者注）以及避免订阅一次无限下载的服务形式，都可以减少数字化音乐发行对环境的破坏（Türk et al.，2003）。

　　从社会角度来看，音乐文件的数字化传播同时带来了一些积极影响和部分消极影响。一方面，当接触数字化音乐是在能够接触到个人电脑的基础上时，音乐的传播机会不太可能得到增加。调查报告指出，数码共融的模式可以反映出社会包容的范式——低收入人群、失业人群、伤残人士以及老年人，会因为负担不起或因为没有必要的技能、信心、动力，而无缘网络。然而，正是这些人群才能从更广阔的音乐传播当中获得最多裨益——因为通过帮助这些弱势群体进行更多的自我表达和建立更强的自信，可以进一步促进社会融合。除此之外，在图书馆或者网吧提供的公共互联网接入服务不允许文件的下载与储存，而且对于听音乐来说，这类场所通常已经过时（Türk et al.，2003）。对以上这些负面影响来说，一个潜在的解决方案或许是可以通过数字电视这种在社会弱势群体当中大受欢迎的形式来传播数字化音乐（Department for Education and Skills，2001）。

　　数字化音乐发行起源于类似 Napster（Napster 是一家音乐网站，提供一项同名的、被广泛应用的在线点对点音乐共享服务——译者注）这类的网站——这类网站促进了盗版内容通过对等网络共享传播。但是盗版音乐的问题如今已经被音乐工业通过引入各种各样的合法分销渠道所解决。苹果电脑的 iTunes Music Store（iTunes Music Store 是苹果公司的数字媒体网络商店——译者注）就是一个很好的例子。现如今，Napster 也提供合法的音乐下载服务。撇开这些不谈，很多网站合法的数字化音乐下载仍然代表了一部分虽然不大但是却在日渐增长的音乐市场（Türk et al.，2003）。

　　数字化音乐还可以推动音乐的多样化发展。互联网容纳了相当多样化的音乐，这些音乐比任何一个音乐供应商所能管理的都要多得多。网络世界可以为少数族群的文化注入新的活力，可以跨越国界，还可以帮助社群进行沟通。要想跨越这些壁垒，就要制作出主流市场容易接触到，并且充满吸引力的音乐作品。这样一来，文化壁垒通常就可以被从它所属的文化遗产当中移除。一方面，这可能意味着带来音乐创新和将地方音乐带给新的受众，而另一方面，它对地方社区却有可能带来良莠淆杂的影响（Türk et al.，2003）。

图 8.11　数字化音乐

数字化科技还能够帮助移除旧时代那些由于财政资源不足而对音乐创作造成的障碍。在过去，制造、分销和储存 CD 所需要的高额成本对想要进入音乐发行领域的个人和单位来说是一道高高的门槛，而数字化发行降低了这道门槛，向音乐多样化敞开了大门。由于数字化科技拓展了创新的可能性，于是它通过互联网给音乐领域的后起之秀提供了机会。特别是数字化科技让人们除了现场表演以外，也可以享受到音乐新人们的作品（Türk et al., 2003）。

在社会孤立方面，评论观点褒贬不一。一方面，可以说互联网通过在线社群推动了一件事物的参与程度，艺术家可以通过网络直接接触到他们的乐迷，并让他们参与到艺术创作当中来。然而，另一方面，当孩子们都缩到了电脑屏幕后面的时候，这种互联网的推动作用有可能会加剧社会孤立的发生（Türk et al., 2003）。不过，如今有了类似于 www.meetup.com 之类的网站，方便志趣相投的人们在当地聚会见面。这恰恰证明了互联网在推动地方互动上展现出来的社会潜力。音乐可以成为将人们团结在一起的重要力量——就像在现实世界中我们一直做的那样（Türk et al., 2003）。

揩擦快，阿莱格里尼公司

1998 年，一家制造清洁剂和化妆品的意大利公司——阿莱格里尼公司（Allegrini S.p.A），开发出了一项叫作"揩擦快"（Casa Quick）的服务内容。揩擦快是一项通过送货上门的形式，对可生物降解的无磷洗涤剂进行配送的服务。

通过揩擦快，七种不同类型的产品每个月都会被流动货车配送到家。这些移动货车定期开往四个直辖市（图 8.12）。每个家庭利用特制的容器自行从配送货车上补充所需要的任意种类和数量的清洁剂，然后不分种类、只按数量来支付费用。揩擦快的消费者会得到一种特制的塑料瓶，这种塑料瓶可以很方便地从家里带到流动货车来，而且可以在还有剩余清洁剂的情况下继续灌装。这个服务系统结合了产品（清洁剂）以及服务（配送到家）两项内容，为客户带来了便利。这样一来，消费者不需要去商店购买产品，取而代之的是商店自己送上门来满足客户。同时，这项服务还会提供一些使用方面的相关信息，包括如何发挥产品最大效能以及如何节省产品使用数量（Manzini and Vezzoli，2002）。

图 8.12　揩擦快送货卡车（Ecologos 授权转载）

阿莱格里尼公司的服务系统为环境保护方面和经济利润方面带来了双重利益。环保成果得益于对整个产品分配过程的优化，这里面包括产品包装和产品运输。将一次性包装替换成可以重新灌装的包装形式减少了对原材料的消耗，压缩了生产制造成本，并大幅降低了填埋垃圾的产生。有趣的是，在此之前，被丢弃的瓶瓶罐罐当中可能会残留有一些清洁剂，而现在，这种情况所带来的问题也随着阿莱格里尼的重新灌装服务系统的运用而被减少到了最小（Manzini and Vezzoli，2002）。

对制造商和消费者来说，这种服务形式可以给他们双方面都带来经济利益。由于延长了产品包装的使用寿命而节省的部分开支，使得消费者可以用很低廉的价格，换来高质高量又很方便的送货上门服务和垃圾清理服务。这种情况同时还可以帮助建立长久的消费者忠诚度，从而为阿莱格里尼公司在提供多样化的服务类型方面带来了强有力的竞争优势（Manzini and Vezzoli，2002）。

2006 年春季，Ecologos 买下了该配送货车系统。他们换掉了阿莱格里尼公司的产品系列，因为他们发现使用本地供应商的产品可以最大限度地降低运输污染，而且还能支持地区经济的发展。其实早在最初，阿莱格里尼公司就是一家传统的批发商，而非零售商。在比较之下，他们发现通过送货上门的配送货车系统，只能卖出很少一部分产品，于是他们决定停止这项服务，而接手该服务系统的 Ecologos 也不再"门对门"地售卖清洁剂了，因为这会带来与之相关的一些物流问题，而且 Ecologos 发现他们需要雇佣全职员工，而且只能够在小范围内运营该服务。摒弃了"门对门"的服务方式之后，他们采用了每两个月进行 4～5 次的周期进行服务，在这 4～5 天之内，配送货车会停在特定街道或者广场上进行运营（相关信息会通过传单或者当地媒体提前公布）。于是，一些支持这种运营方式的、有同系列清洁剂库存的商家开始支持这一举措。Ecologos 也会利用配送货车举办展览或者参加市集，来支持他们的"化简为繁"（Riducimballi）项目。这是一个靠提倡改变销售形式——特别是倡导包装的再利用或者干脆摒弃包装——来达到减少包装垃圾目的的项目。这个项目最初开始于清洁产品领域，但它也见于扎啤及其相关产品，例如红酒、水和麦圈的"无包装"销售的推广。

"只卖功能"销售法，伊莱克斯

伊莱克斯（AB Electrolux）在瑞典的哥得兰岛推出的全新业务试点方案，向我们展示了一个从产品转型到服务的有趣案例（Electrolux，2000）。这种叫作"只卖功能"（Functional Sales）的销售方法，促成了一场伊莱克斯和能源公司 Vattenfall 的合作。这个全新的服务系统向消费者提供了一种"按洗付费"的服务方式，以满足消费者的洗衣需求（Jones and Harrison，2000）。

这项服务基于这样一个理论：消费者会拥有一台洗衣机放在家中，但并不需要购买这台洗衣机；取而代之的是，消费者只需要付费来购买它的功能——每次洗涤会花费大约 72 便士左右（成书时间是 2000 年，按照彼时英镑兑人民币汇率 12.3601 计算，约等于当时的 9 元人民币——译者注。Jones and Harrison，2000；Jessen，2001）。这种按洗涤次数付费的方式会激励消费者减少对洗衣机的使用次数，从而降低对水和洗涤剂的消耗量。伊莱克斯最好的洗衣机产品每个洗涤流程只会消耗不到 1 千瓦时的电力和不到 40 升的水（Jessen，2001），这和"按洗付费"的服务方式结合之后，可以带来能源消耗量的整体下降（Jones and Harrison，2000）。

通过这种"只卖功能"销售法的案例研究，伊莱克斯得以研究这种做法的可行性。他们发现，从提供产品到提供服务的这种本质上的转变，可以从根本上影响产品是如何被设计的。他们意识到，企业如果想在经营模式上做出这种转变，就必须在设计产品的阶段着重增加产品的耐用性、易用性以及返厂翻新的可能性。这一切都将为降低产品将会对整体环境产生的影响出力（Jones and Harrison，2000）。

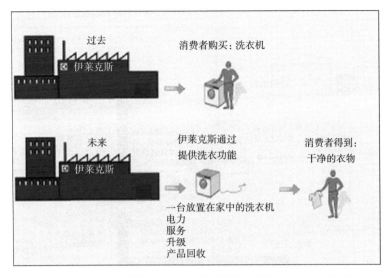

图 8.13　伊莱克斯的"只卖功能"销售法（Electrolux，2000）

Hics 供餐研究

La Fiambrera（西班牙语，意为"午餐盒"——译者注）是一种供餐服务的名字。它是为了迎合在家独居老人以及小型公司员工（SMEs）的用餐需求而开发出来的——因为在靠近西班牙巴塞罗那的鲁维市（Rubí），这些小公司位于没有食物供应条件的隔离工业区（Jegou and Joore，2004）。

通过一个叫做 HiCS（"盒克士"）的跨学科研究项目，研究者运用了一系列"使用情景"工具（context-of-use tools，Manzini et al，2004），来探究不同族群的用餐需求。研究表明，虽然老年人依旧有一定的行动能力，但是，他们还是会由于食物准备、财政、食品知识、携带重物的能力、身体灵活性以及视力等方面的问题，而不能很好地满足自己的用餐需求（Jegou and Joore，2004）。随之而来的问题就是，他们通常吃的并不好。又或者必须要仰赖外界的帮助才能吃好，但是这种外来帮助也随着社会变得越来越工业化而急剧减少，甚至消失了（Jegou and Joore，2004）。该研究还指出，由于所处的地理位置比较偏僻，在隔离工业区的 SME 雇员通常没法吃到健康的午餐食物。因而，他们要么从加油站或自动售货机买不健康的零食来吃，要么花费时间自己制作便当，要么依赖女性亲友准备便当，要么在昂贵又费时的餐厅吃饭，或者午餐时间干脆不吃东西（Jegou and Joore，2004）。

虽然两组人群在本质上相当不同，但是他们对食物供应有着共同的需求。他们都需要一种规律的、灵活的供餐服务，可以简单而方便地满足自己的用餐需求，而且价格还要相对合理。另外，对于老年人群来说，这种服务还需要是一种能够支持独居人群、不需要仰赖外界帮助就能传递服务的解决方案。

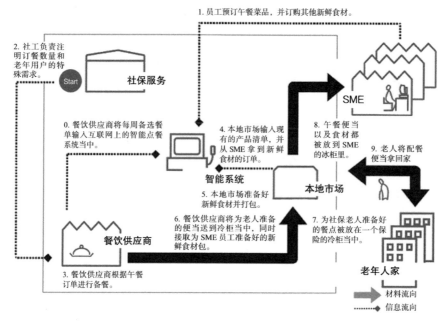

图 8.14　La Fiambrera 公司是如何运作的（克兰菲尔德大学授权转载）

　　La Fiambrera 的宗旨在于在满足两组人群相同需求的同时，还要迎合他们各自的特点（Jegou and Joore，2004）。"来饭吧"的运作流程在图 8.14 中已经示意出来了。怡乐食（Eurest）作为参与其中的餐饮供应商，将每周备选餐单输入互联网上的智能点餐系统当中 [0]。在西班牙，一套典型的午餐包括三道菜品：第一道是基于青菜、沙拉或者是面食的前菜；第二道是基于肉类或者鱼类的主菜；最后一道是酸奶、水果或者布丁这类的点心。SME 的员工可以通过智能订购系统在互联网上提前预订他们所需要的午餐以及任何他们想要从利伯维尔场购买的新鲜食材（蔬菜、肉类、芝士、鱼类等），并在线付费 [1]。SME 的消费者还可以预订一种叫作 La Fiambrera de Mama 或者叫"妈妈便当"的服务。这样的话，"来饭吧"每天都会为你配送未知的午餐组合，让你感到惊喜（Jegou and Joore，2004）。与此同时，社工会为每一位参加了这项服务计划的老年人，都根据他们的医疗需求，通过智能系统预订设计好的配餐 [2]。SME 员工和老人的午餐订单会通过怡乐食中央厨房进行处理 [3]，而 SME 员工所需食材的订单则会被传送到自由市场的摊贩手中 [4]。新鲜食材从货摊收集齐全并放置在一个袋子里 [5]。接着，一辆从怡乐食中央厨房开来的卡车，携带着为社保老人和 SME 客户准备好的餐点，开到了自由市场。在这里，为社保老人准备好的餐点被放在一个保险的冷柜当中 [6]，而摊贩为 SME 工人们准备的食材同时被收集到卡车上 [7]。接着这辆卡车开到 SME[9]，然后把准备好的怡乐食午餐便当以及在自由市场购买好的食材都放到 SME 的冷柜里 [8]。社保人员步行去自由市场，从保险冷柜里面取出为老人准备的午餐 [9]。食物可以在这种冷柜里面储存 2～3 天。每份午餐都被分别包装在单独的塑料托盘里面，并用透明防水材料密封起来，以备直接放入微波炉或烤箱当中进行加热。

为客户定制的服务通过以下条件达成：

- 智能网上订购系统，可以为每位消费者建立食物偏好档案和 / 或膳食需求；
- 物流为消费者提供了灵活的取用方式以及用餐时间；
- 菜单选择——每天的每道菜都拥有三种选择；
- 关于食物的数量——消费者可以为每天选择全餐，即三道菜，或者是半餐，即一或两道菜；
- 关于购买新鲜食材——消费者可以自行选择所需产品的种类和数量；
- SME 员工还可以选择在每天购买午餐的同时，捐助 5 角钱给本地需要食物的人们。

La Fiambrera 在同一套服务当中，结合了两种需求群体的食物解决方案，同时准备、冷藏，并共同运输食材，通过同一条路线配送到两个不同的地方。相关信息（菜单公布、预订和付费）通过网络智能系统进行处理。物流合并在一起，以降低成本，使得该服务在经济角度上实惠可行。La Fiambrera 帮助合作伙伴在先前没有利润的市场上打下了一片天。不仅要通过同一种服务内容来吸引更多的消费者，而且服务内容要随机应变地迎合不同用户的不同需求。这种理念可以被看作是创造了一片经济领域的新天地。

同时，La Fiambrera 这项服务也为社会保障服务的用户们提供了诸多社会效益。需要步行去自由市场给老人带来了出门走走和去城镇中心逛逛的理由。冷柜中的保鲜盒变成了一个"交流工具"，可以看出谁没有去领取他们的食物。社保服务人员可以由此注意到是否需要去某位老人家中探访，以查看出了什么问题。

图 8.15　在该方案中运用到的多格冷柜

版权所有克兰菲尔德大学

对于 SME 的员工来说，La Fiambrera 给他们提供了一种灵活的系统，因为这样一来，他们想什么时候吃饭都可以了。这项服务保证了 SME 员工更加平衡的膳食，并且通过一个简单的订购系统，提供了节省时间的途径以及高质量的食材。它还给那些很难找到时间去购物的员工提供了食材订购服务。最压倒性的好处是，他们现在可以利用的高品质的膳食服务，在此之前是根本不存在的（Jegou and Joore，2004）。

小结

本章将第七章当中提到过的概念进行了详细的解释，展示了把系统或者服务的视角融入产品当中去可以带来多么巨大的环境和社会收益。虽然本章中提到的案例有两个仅仅是概念设计（生态厨房和福特 U 系列概念车），还有两个是试点研究（"只卖功能"销售法和 La Fiambrera 配餐服务），但是，它们仍然是这方面相当宝贵的案例：它代表这些企业和大学对传统经营模式进行了再思考，继而采用了一套系统的，或者由服务导向的方法，来传递功能。"只卖功能"销售法、"数字化音乐发行"和"一次性摄录一体机"，都是产品在如何"去材料化"（dematerialization）方面的案例。这些案例展示了如何使用更少的材料来向消费者传递相同等级的功能。"租车俱乐部"、"英特飞地毯砖"、"一次性摄录一体机"和 La Fiambrera 膳食配送这几个案例，很好地展示了如何通过服务来强化产品的使用，从而减少所需产品的数量。接下来，"福特 U 系列概念车"、"英特飞地毯砖"以及"Mirra 座椅"的案例，都运用了循环的方法，使得养分被保持在一个封闭的系统内进行循环，从而把整个系统对环境产生的影响降到最低。

通过这些案例，也许可以瞥见一个事实，那就是：从产品到服务的重新定向，通常来说是超越了传统设计的边界的，也是不太可能仅仅通过设计师就能够实现的。取而代之的是，设计的这种性质决定了它很可能需要来自企业内的其他职能部门给予的协作。换句话说，对系统和服务的设计，可以为之前从未共同工作过的职能部门之间的协作创造新的机会。举个例子，"揩擦快"配送服务需要来自设计和物流之间的较之过去从未有过的强有力的合作。以上这些案例研究通过陈述"设计师是如何在他们的设计当中同时考虑环境影响和社会影响，从而得出一个创新的解决方案，让消费者也能同时获益的"这一问题，展示了可持续性设计的广博程度。

对于那些依旧依赖产品本身作为主要组成部分的研究案例来说，也可以看到设计师是如何努力使其进化得更好，来满足服务需求或系统需求的。举个例子，"揩擦快"的瓶罐是被特别设计过的，使它能够通过清洁剂的倒出口简单而容易地重新灌入清洁剂，而且这种瓶罐和传统的清洁剂瓶罐包装比起来，更加坚固耐用。在"一次性摄录一体机"的案例当中，一体机的功能数量被简化过了，这和制造商售卖的摄录一体机采用的设计形成了鲜明的对比。另外还很值得注意的一点是，所有产品和它们不提供服务的竞争者比起来，都更加坚固耐用。

很多本章提到的案例研究都需要消费者改变已经习惯的固有行为。所以，对于服务与系统的设计工作来说，一个很关键的挑战就是如何通过选择"对的"市场，找到乐于改变固有行为的消费者，或者，为这种全新的行为定义一个"增值"利益。例如在数字化音乐发行的案例当中，"下载"比购买刻录在 CD 上面的单曲要便宜，而且可以在 CD 面世之前就从网上得到，再加上这种方式为消费者在购买具体歌曲时提供了灵活性，所以才能成为消费者的新宠。

本章的案例研究陈述了提供系统或服务的诸多益处。其中最重要的几个部分包括：消费者忠诚度的上升，创新机会的增加，产品保值能力的提高以及企业形象的提升。

参考文献

Anderson, R. (1998), *Mid-Course Correction, Toward a Sustainable Enterprise: The Interface Model* (White River Junction, VT: Chelsea Green Publishing).

Carplus (2006), 'Case Studies'. Available at: www.carplus.org.uk/carclubs/case-studies.htm

Department for Education and Skills (2001), 'Cybrarian Scoping Study' (London: DfES).

Dow, C. (2003), 'NatureWorks Pla how it's Made'. Available at: www.cargilldow.com/corporate/natureworks.asp

Electrolux (2000), 'Functional Sales'. Available at: http://193.183.104.77/node323.asp

Grech, S. and Luukkainen, S. (2005), 'Towards Music Download and Radio Broadcast Convergence in Mobile Communications Networks' in *IEEE* (China: Hong Kong).

Interface (2006a), 'Entropy®'. Available at: www.interfaceflooring.com/products/sustainability/entropy.html

Interface (2006b), 'Leasing: Convenient, Cost-Effective and Sustainable'. Available at www.interfaceeurope.com/Internet/web.nsf/webpages/554_EN.html

Interface (2006c), 'Renewal: Reentry Scheme Makes a little Go a Long Way'. Available at: www.interfaceeurope.com/Internet/web.nsf/webpages/556_EN.html

Jegou, F. and Joore, P. (eds.) (2004), *Food Delivery Solutions: Cases of Solution Oriented Partnership* (Cranfield: Cranfield University).

Jessen, M. (2001), 'Clean Duds without the Washday Blues'. Available at: www.zerowaste.ca/articles/column137.html

Jones, E. and Harrison, D. (2000), 'Investigating the Use of TRIZ in Eco-Innovation' in *TRIZCON2000* (Worcester, MA: Altshuller Institute).

Manzini, E. and Vezzoli, C. (2002), *Product-Service Systems and Sustainability: Opportunities for*

Sustainable Solutions (France: United Nations Environment Programme, Division of Technology Industry and Economics (DTIE)).

Manzini, E., Collins, L. and Evans, E. (eds) (2004), *Solution Oriented Partnership: How to Design Industrialised Sustainable Solutions* (Cranfield: Cranfield University).

Ford (2005), 'Model U Concept: A Model for Change'. Available at: http://media.ford.com/article_display.cfm?article_id=14047

Herman Miller (2005), 'Environmental Product Summary – Mirra Chair'. Available at: www.hermanmiller.com

Sherwin, C. and Bhamra, T. (1999), 'Beyond Engineering: Ecodesign as a Proactive Approach to Product Innovation' presented at Ecodesign '99: First International Symposium on Environmentally Conscious Design and Inverse Manufacturing, Tokyo, Japan.

Treehugger (2004), 'Ford Model U Concept SUV'. Available at: www.treehugger.com/files/2004/12/wip_ford_model.php

Türk, V., Alakeson, V., Kuhndt, M. and Ritthoff, M. (2003), *The Environmental and Social Impacts of Digital Music: A Case Study with E. M. I. Digital Europe: Ebusiness and Sustainable Development (DEESD)* (Brussels: Information Society Technologies).

第九章　做个可持续的工业设计项目

　　这本书介绍给你的理念、工具和技巧，能为你在解决一个可持续设计案例时，提供必需的知识和技能。然而，通常要接受一个新的挑战，最大的障碍是你不知从何开始。本章会将本书陈述过的理念和主题融会贯通，并为你提供切合实际的建议，来助你起航。

　　本章将针对产品开发的每一个阶段提供行之有效的指南。它会指引你完成担负社会与环境双重责任的设计规划、创意开发以及细节完善等步骤，为每个阶段你所需要考虑的环境问题和社会问题给出指导与建议。

设计规划

　　设计规划（Design Brief）的开发过程对于任何一个设计项目来说都是至关重要的。设计规划会勾勒出需要考量的每一个重要问题，决定有哪些是必须要执行的任务，规定好各个责任所属何方，详细化全部时间框架。它是切实有效的设计蓝图，是任何财政协议的有力基础。如果要做到让设计规划卓有成效，就需要将对可持续设计的考量整合到整个设计实践当中去——就像考量人机工程学、造型、生产制造这些方面在设计规划当中的角色一样重要。设计规划在陈述的时候还需要特别有针对性，特别具体。在考量产品环保化的部分时，应该使用"生态设计评估网"或者是"设计算盘"进行分析（这两个概念在第五章中与有详细描述），而不是简单概括地说"产品要环保"，并且也应该明确定义开发改进的具体特点。举例来说，在一个移动电话的设计规划中，重点应该是如何降低它在使用过程中的能耗，并确保它符合废弃电子电气设备指令（详见第三章）。要完成这一系列要求，最终产品需要被设计成能够拆卸并参与回收的。

　　设计规划的设置阶段通常需要由资深管理人员引导，被公司企业规划所影响，为市场营销所左右（Eckert and Stacey, 2000；Sherwin, 2000）。这个阶段包含了对市场和技术需求的一系列定义，并通过正式或非正式的规划文字，或者以设计规范的形式陈述出来。在一个项目的最初阶段，设计规划可以是一段相当简短的文字。这可能是由于客户并不知道自己想要什么，或他们以为设计师已经确切地知道了他们想要什么而造成的。一份设计规划当中的那些可以周旋的余地，其性质和程度取决于客户委托的是一项"概念设计"还是一项"核心设计"。接下来将详细陈述这两种设计项目在需要注意的事项上和面临的机遇上有何差异。

概念设计类项目的设计规划

概念设计类项目的精髓和宗旨是开发"新"的产品。很多学生项目属于这一个类别，但是工业界的项目既可以是概念化的，也可以是"一片蓝天"（blue-sky）的。从灵活性和思维广度上来看，每一份概念设计类项目的设计规划几乎可以说都拥有相当大的开发余地。在开发这一类型的设计规划时，和客户的合作开始得越早越好。这样一来，可以确保用于讨论该项目的语言不至于限制项目发展的广阔机会。举例来说，"考虑如何设计一款新的沟通设备"这种表述，就比"开发一款新的概念手机"要好得多。通过重新定义问题所在以及拓宽所关注的领域，设计师会得到更好的机会从不一样的角度去考虑设计目的，而不必直接关注如何开发一款标准化的产品。这种做法可以为整合一项服务元素开拓潜力，为给消费者传递产品功能开发新的途径，正如第八章的"一次性摄录一体机"案例所展示的那样。

同时，科班出身的设计师的早期干预也同样重要。他们可以帮助将整个设计的方向从客户"想要"什么转移到客户"需要什么"上来。这一点的重要性在第四章当中已经陈述过了。对于开发一个可持续设计的项目规划来说，这一因素可能是最具挑战性的一项了——因为满足人类的基本"需求"，而非天马行空的"欲望"，可能无法迎合市场营销的期许。设计师需要明白的一点是，运用他们自己的设计技巧引导客户向可持续设计的方向转变，正是设计师群体应该负有的责任。最后，如果客户要求你开发一款产品，是你觉得完全无法迎合可持续发展的要求的，而且你也无法在讨论中转变设计规划的大方向，那么，你可以决定是否要拒绝接受这项委托。

核心设计类项目的设计规划

核心设计，是指那些关注如何对现有产品进行产品改造、更新和／或调整，使其得到优化的设计项目。和为产品专门考虑如何实现可持续性比起来，这种类型的项目更多地是开始于运用设计规划来表达该产品关注特定的社会和／或环保问题。社会改进包括：

- 使产品对于消费者来说更易用；
- 使产品具有包容性。

环境改进包括：

- 使产品被制造成更容易拆卸的款式，
- 让产品可以使用除了石油以外的某种其他替代能源；
- 消除对有毒物质的运用。

在项目前期，一个设计师和委托客户共同参与的设计规划明晰会议有利于设计师对以上领域更加深刻地调查探究。举例来说，一个委托客户在一次会议上试图探讨图 9.1 所示的设计规划。按照传统习惯，设计师可能提出的问题有："可靠"的具体含义是什么？现有的"可靠性"是依靠什么标准衡量的？如何衡量？"可靠性"的可接受范围是什么？

　　一个掌握主动性的设计师可能会多问一些拓展性的问题：可重新灌装的瓶罐要有什么特点，才能吸引年轻家庭的目光？年轻家庭到底需要什么？对于年轻人到底需要多手巧才能有效率地使用该产品这一方面来说，我们都知道哪些信息？对于这一类型的包装来说，有没有哪些材料类型较之其他来说是更受青睐的？客户所期待的补充灌装过程是怎样的？对于补充装的包装瓶来说，产品寿命终止之后会被怎样处理？设计师需要和各种利益相关方见面商讨，才能了解问题所处背景，之后才能开始着手进行设计规划——当所接受的案例是一件复杂产品 / 服务的时候，这一环节更是重要。

可重新灌装的沐浴露产品——设计要点
→总零售价 £3（包括产品和包装瓶）
→目标用户是年轻家庭中的年轻妈妈
→有吸引力，以适应现代化的浴室环境
→在运输的时候和标准包装一样可靠
→瓶身尺寸不能大于产品补充装的 2 倍或 3 倍
→产品可以营造出方便、增值的品牌体验

图 9.1　一个沐浴露包装的设计规划

　　以上这些传统问题，可以看作是设计师抓住机会来教育客户应该如何负责任地去考量产品对社会和环境所会产生的影响，也可以看作是通过问"对"的问题，来确保产品开发能够达到其最好的状态。根据不同客户的不同思想开放程度，设计师可以决定是需要含蓄地循循善诱、旁敲侧击，还是可以明确地单刀直入、直截了当。如果可以明确地进行说明，那么就可以直接强调可持续思维能带来的益处，比如说能够增进企业与客户之间的关系，增加产品的品牌价值以及减少生产成本。

　　将可持续设计的概念融入设计规划最简便的途径，是委托客户自己的主观意愿。然而，即使客户并没有这种意愿，越来越多的环保法令——例如包装与废弃包装指令（Packaging And Packaging Waste Directive 94/62/EC）、欧盟废弃电子电气设备指令（European Waste Electrical and Electronic Equipment Directive）以及即将通过的耗能产品（Energy-using Products，缩写为 EuP）（详见第三章）生态设计指令 2005/32/EC——也会为在大型机构和咨询公司工作的设计师们提供机会，通过设计供应链将环保思想"灌输"到委托客户脑中，以迎合法律对他们的约束。这种全新的设计重心可以让设计团队提供具有额外价值的服务内容。

创意产生

一旦设计规划被制定完成，该设计项目就进行到了产生创意的阶段。这一阶段的目的是产生新鲜的、包含技术性和非技术性两方面的概念与想法。设计团队或者外界机构作出的以客户为中心的研究需要在这一阶段完成。工业设计师接下来的任务就是一门心思地开发新的产品概念，以挑战和完成商业战略（Svengren，1997；Tovey，1997；Sherwin，2000）；而设计工程师应该倾向于关注科技创新，以期在不久的将来将其融入产品开发过程当中去（Electrolux Technology Group，1997）。在这一阶段，设计流程是快速发展并且充满互动的。一旦工业设计师被交付了某个项目的设计规划，他们便会夜以继日、快马加鞭地开始接下来的工作。他们运用"情绪拼贴板"来激发和联系设计内容，给产品创造"意义"。这一阶段通常包括画设计草图和效果图以及用蓝色泡沫或硬纸板制作草模，以检测设计方案在基础技术层面上的可行性。

在创意产生的阶段，设计师得以拓宽视野以考虑大局。这也许可以包含考虑是否可以为产品设计一个拥有闭合循环的回收再利用系统，比如柯达公司开发的通过控制产品寿命来控制其影响的系统（详见第八章），或者，可以是将高质量的多种功能整合到同一件产品上，以降低达成目的所需要的产品总数，正如一台移动电话兼具内置照相功能、录像功能、日记功能以及卫星导航功能的案例一样。这一阶段也是考虑产品耐用性和确定产品寿命长短的好时机。这可以包括去材料化，就像"数字化音乐发行"的案例，或者从产品本身转型到产品、服务的双料结合，正如"汽车俱乐部"的案例表达的一样（详见第八章），又或者，作出类似反时尚或者是反消费的声明，正如英国衣料公司 Howies（www.howies.co.uk）的作为。

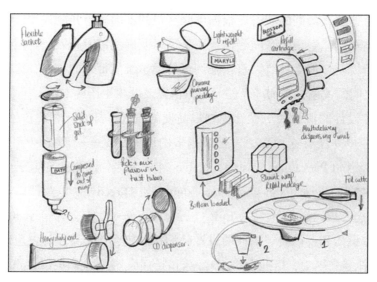

图 9.2　可重新灌装的沐浴露包装概念草图

在这一阶段,创意的产生是通过个人和团队的头脑风暴来完成的。像"随机词汇"、"如果……将会怎样"、"强制关系"之类的创意技巧(详见第五章),在这一阶段是行之有效的,并且它们可以帮助团队用与众不同的思路去思考。另外,"流程生成器"卡片可以帮助团队从各个不同的角度看待问题,或者更加细致地关注某个特定问题。这个产生创意的阶段,总的来说,可以得出一个或者多个设计概念,它们有些基于现实,有些也许不是(图9.2)。这些设计的创意 / 概念会被带到产品开发的下一个环节——概念发展,进行继续讨论。

概念发展

在产品开发过程当中的这一阶段,设计可以得到进一步的发展,视角也会得到明显的拓宽。设计师们在这个阶段会去探求更加多样的替换方案,整个过程会运用到2D草图、3D卡片模型、CAD模型、平面图、原理图以及草模。草模和产品原型会被用来测试工程方面的原理(例如可用性、制造能力等)、视觉效果以及保证设计风格对使用有一定的促进作用。针对之前提到的可以重新灌装的沐浴露产品,概念发展阶段会包括构造各种组件、产品表现计算以及决定材料和产品的表面处理工艺(图9.3)。

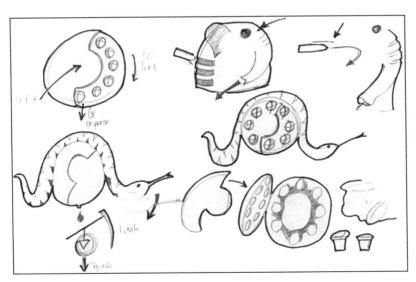

图9.3　概念发展阶段的草图范例

在概念发展阶段,设计师需要确定他们想要使用一些什么策略来减少产品对环境和社会的影响。这可能包括寻找是否有使用替代能源的机会。另外,提升可用性方面的考量、用某些形式对消费者进行引导,或者降低产品负面社会影响的机制,都可能是可行方案。对于材料来说,这可能包括找到对环境影响较小的材料类型(回收材料或者是可再生材料），或者是选用那些最容易回收而被再利用的原材料。在"信息 / 灵感"网站上的信息页面——www.informationinspiration.org.uk——提供了一系列的策略。运用这些策略，你可以提高产品的表现。生态设计网和生态指标工具可以为你定义关键区间，从而着重考虑提供帮助。

在概念发展阶段，设计师通常会拆开竞争对手的产品，去观察它们是如何被制造出来、如何运行的。这种行为直接地完善了可持续设计的实践过程，让设计师能够更好地理解产品的组装与拆卸，并能够给设计师提供一个从产品寿命终止之后的视角探究该产品如何才能够有所进步的机会。这个步骤可以用到如下几种方法：探究标记材料的技巧，简化所运用的塑料种类，减少所运用的材料数量，定义在该产品上的何种位置可以使用低档次（更便宜）的回收材料。与制造供应商进行相关方面的讨论将会对这一阶段非常有帮助。

设计细节

在设计细节的阶段，工业设计师运用制造和材料方面的知识，设计出高效和可以盈利的产品（Svengren，1997；Tovey，1997），而安全以及可用性方面的问题也在这一阶段得到提炼升华。在概念发展阶段学到的知识，例如轻量化成型、降低产品能耗、改进产品拆卸方式，都可以在设计细节阶段被融会贯通、学以致用起来。在设计细节这一阶段的结尾，和材料选择、容忍度、制造流程相关的工作图纸（图 9.4）将会被设计师传递给制造工程师们。这个时候，要对产品进行进一步的改进为时已晚（而且过于昂贵）。

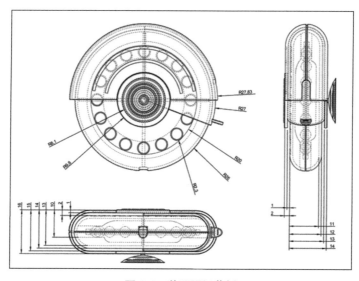

图 9.4　装配图纸范例

给学生项目做设计规划

如果你正试着为学校或大学做关于可持续设计的项目，那么这里有一些技巧也许可以帮到你。

运用各种有不同潜力的资源启发自己，进行尽可能多的头脑风暴——音乐，运动，旅行，电影，办公，留守爸爸／妈妈，做父母，假日，学校，幼儿园，老人院，娱乐。列出一张清单，写下你都可以找谁或什么机构去谈谈。有没有哪一个慈善机构是你可以与之取得联系，并帮你提供灵感的呢？比如"实际行动"（Practical Action）、"乐施会"（Oxfam），或者"世界自然基金会"（WWF）？有没有哪个当地的商业或者组织，是你可以为他们解决设计类问题的呢？考虑一下你可以采访哪些组织或者个人，看他们的需求有哪些是你事先没有注意到的——儿童，老年人，体弱多病的人群，高个子，矮个子，为人父母的人，养宠物的人，自雇人士，办公室一族，农民，开店的商家——这样的例子不胜枚举。你想为谁设计，就去找谁聊天——多聊聊那些每天都会发生的事情会由什么样的细节组成，从而找寻到怎样才可以让他们日子过得更轻松。

想要开发创意的时候，可以去读读自己平常不会读的东西——新科学人（New Scientist），编织周报（Knitting Weekly），一周设计（Design Week），家居生活（Home and Living），时尚（Cosmopolitan），FACE 杂志（FACE），比诺漫画（The Beano，来自英国的儿童漫画周刊——译者注），康泰纳仕旅行者（Condé Nast Traveler，来自美国的奢华生活旅行杂志——译者注）。或者在互联网的搜索引擎当中随机输入一些词语，看看你都能找到什么。也可以去一些你平常不会去的地方——去看表演，去设计博物馆，去地方图书馆，去本地博物馆，去车尾箱市集（源自加拿大的一种售卖集会，卖家汇集在学校操场、草地或停车场之类的地方，把个人的闲置物品放在车子后备箱当中进行展示和售卖的市集形式——译者注），去拍卖会，去市场，去市郊，去高档餐厅，去伦敦塔，去赛马场，去酒吧，去超级市场。睁大眼睛，争取从新鲜的环境、观察旁人当中吸取灵感。你能定义问题产生的区域么？你不常见到的人、不常去的地方、不常经历的经历，都有可能是灵感的绝佳来源。IDEO[一家总部在美国加州帕罗奥多（Palo Alto）的知名设计公司——译者注]出版了一本很棒的书，叫《不思而行》（*Thoughtless Acts*，Suri and IDEO，2005）。\这本书通过 150 幅图片展示了人们和产品之间下意识的、不一样的互动方式。这本书可以作为我们设计产品时很好的灵感来源。

当然，还可以在 www.informationinspiration.org.uk 网站上面浏览一下，感受一下别人先于你做的各种可持续设计案例，找点灵感。要寻求更多灵感，也可以去其他的可持续设计教育网站，例如"获奖可持续设计网"（www.sda-uk.org），试试看。

一旦你敞开自己，接受更宽广的新体验，给自己带来了创造新点子的机会，那么就请坐下来，找一大张纸，写下所有你对于这个设计项目的创意和想法。这一阶段不必太过苛刻！给每个主意都在纸上留个位置——翻过纸来，在背面继续，多写些点子出来！有没有点子之间是遥相应和、休戚相关的呢？

现在，到了该作决定的时候了。圈出你最喜欢的点子，并且通过第五章的可行性评估工具评估一下吧。

最后，如果你是在为了毕业答辩准备设计规划，那么搞清楚你的最终设计需要展示何种技能也是相当必要的。确定你的强项是什么，你乐于从事什么，然后试着把这些元素糅合到你的最终设计之中。这是展示你技能的最好机会。

继续前行

诚如本书前文所述，可持续设计从 20 世纪 70 年代起，已经获得了长足的发展。如今，它已经在企业日程上占据了颇为重要的地位。可持续发展在消费者青睐度上的表现也蒸蒸日上——受到能源价格上升和航空旅行开始课税的影响（BBC News，2007），公平贸易产品销售额上升了 46%（Fairtrade Foundation，2007），可持续性科技产品的供应量和购买量也有所提升（Coughlan，2006）。如今的世界正在改变。消费者开始越来越期待更加有社会责任感和更加环保的产品出现；超级市场打出"我们做更多，为您省时间"的口号。这些改变都使得设计师在设计的时候要优先考虑设计的可持续属性。这一切更是受到了新的环境法令条例的额外巩固：相关条例不是只停留在关注产品在制造过程中对环境造成的影响方面，而是进展到了关注产品设计的方式、使用带来的后果，甚至要关注产品寿命周期结束时都会发生些什么。

为了适应这种改变，一系列更广、更适合的资源和工具被开发出来，以协助和支持设计师们的工作（详见第五章）。来自惠普、飞利浦以及米勒的产品向我们展示了这样或那样的可能性。进一步说，一系列概念设计案例向我们展示了在未来的某一天，一切皆有可能。就像能够提醒消费者能源用量的"图案会消失的瓷砖"（Lagerkvist et al., 2005），这种瓷砖使用热感涂料进行印刷，能够根据温度产生变化，根据所使用热水的喷溅强度产生颜色减退的效果。这一概念产品是 STATIC! 项目的一部分，目的旨在通过反映淋浴时持续的时间和消耗的水量，使得瓷砖表面产生微妙的颜色变化，来提醒个人对能源的消耗量（Lagerkvist et al., 2005）。

思维，也是超越产品范畴的进展，是对全新办事方法的探究。第七章展示了设计怎么样才能超越对单个产品的设计，而开始作为一个整体引入更加可持续的系统的发展，从而使得可持续的目标得以达成。这样一来，就为可持续发展成果得以实现提供了更好的机会。此外，设计如今已经同产品一样开始聚焦到了服务领域——这样一来，就可以在消耗更少材料的情况下、甚或在消费者没有产品所有权的情况下，满足消费者的需求。随之而来的结果就是，这种更加宽广的视野会导致设计团队与更宽泛的利益相关人——例如购买方或物流方——合作的机会越来越多。

本书作者相信，要想成功地把设计师引导到生态设计和可持续设计当中来，有两个关键要点：第一是教育，第二是信息。阅读本书可以培养你在开发一件产品时对需要考量的问题产生必要的知觉和意识。这些被激发而起的感觉会引导你提出"对"的问题。你这一路走来所学到的工具和技巧，可以帮助你更加有效地解决你所面临的挑战。作为设计师，未来的挑战是我们要尝试并保证我们能对我们的行为负起责任，并继续跟随绿色的浪潮前行。作为专业人士，我们需要主动出击，超额完成法律法规上的要求，关注如何用最适合的方式来满足人类的需要。我们要将可持续设计的课题时刻保持在我们的雷达范围内，使之成为一种长生久视的定则，而非转瞬即逝的昙花。

参考文献

BBC News (2007), 'Q&A: Air Passenger Tax Rise'. Available at: http://news.bbc.co.uk/1/hi/uk/6258327.stm

Coughlan, S. (2006), 'Power from the People' in *BBC NEWS Magazine*. Available at: http://news.bbc.co.uk/1/hi/magazine/4785488.stm

Eckert, C. and Stacey, M. (2000), 'Sources of Inspiration: a Language of Design', *Design Studies*, 21, pp. 523–538. [DOI: 10.1016/S0142-694X%2800%2900022-3].

Electrolux Technology Group (1997), *The Integrated Product Development Process* (Stockholm: AB Electrolux).

Fairtrade Foundation (2007), 'Fairtrade Spreads across the Nation as Over 250 Towns Say "Change Today, Choose Fairtrade"'. Available at: www.fairtrade.org.uk/pr280207.htm

Lagerkvist, S., von der Lancken, C., Lindgren, A. and Sävström, K. (2005), 'Disappearing-Pattern

Tiles'. Available at: www.tii.se/static/disappearing.htm (Sweden: STATIC!).

Sherwin, C. (2000), 'Innovative Ecodesign - An Exploratory and Descriptive Study of Industrial Design Practice' In *School* of *Industrial* and *Manufacturing Science* (Cranfield: Cranfield University).

Suri, J. F. and I. D. E.O. (2005), *Thoughtless Acts?* (San Francisco: Chronicle Books).

Svengren, L. (1997), 'Industrial Design as a Strategic Resource: A Study of Industrial Design Methods and Approaches for Companies Strategic Development', *The Design Journal*, 10, pp. 3–11.

Tovey, M. (1997), 'Styling and Design: Intuition and Analysis in Industrial Design', *Design Studies*, 18, pp. 5–31 [DOI: 10.1016/S0142-694X%2896%2900006-3].

附录

危险材料列表

有害物质限制指令（RoHS Directive）禁用或限制使用的物质

| RoHS 规定禁用或限制使用的物质[1] | 表 A1.1 |

禁用或限制使用的物质	在电子产品中的使用位置
镉	电池、涂料、黄色染料、塑料添加剂（尤其是使用在电缆组件当中的 PVC），磷光涂料、探测器 / 设备 / 发光二极管
水银	开关、染料、涂料、聚氨酯材料（高反光玻璃窗）、台灯、灯泡（展示板、扫描仪、投影仪）
六价铬	有防腐蚀功能的金属面材表面处理工艺（润滑件、紧固件）、铝转化涂层，合金，颜料油漆
多溴联苯（PBBs）	阻燃剂（塑料、外壳、电缆、连接器、风扇、组件、油漆）
多溴联苯醚（PBDE）	与 PBBs 相同
铅	焊料和互连部分、电池、油漆、颜料、压电器件 *、分立组件、密封玻璃、显像管玻璃 *、PVC 电缆（紫外线 / 热稳定剂）、五金配件、润滑件、垫圈

产品例外

除了某些特定的医疗器械和工业工具，RoHS 唯一给予例外的许可是替换零件。

该指令允许制造商在任意时间提供"原厂设备"，或者除此之外的未被认证的替换零件，去维修未被认证的、在 RoHS 生效之前就进入市场的产品。而未被认证的替换零件则不能用来维修经 RoHS 认证过的产品，不论它们是何时在市面上开始售卖的。

更多信息

第五部分法规草案——DTI RoHS 法令——政府监管纪要——征稿参考，2004 年7 月——http://www.dti.gov.uk/sustainability/weee/RoHS_Regs_Draft_Guidance.pdf

废弃电子电气设备指令（WEEE Directive）

WEEE 规定，在丢弃之前需要从产品上移除的物质包括：
• 可用于交换器等组件的水银。
• 电池。

- 大于 10 平方厘米的印刷电路板（PCB）。
- 打印机的硒鼓，包括液体的和墨粉的以及彩色墨盒。
- 含有溴化阻燃剂的塑料。
- 石棉废料和含有石棉成分的组件。
- 阴极射线管。
- 氟氯（CFC），氢氯氟烃（HCFC），氢氟碳化合物（HFC），烃（HC）。
- 气体放电灯。
- 大于 100 平方厘米的液晶显示屏（及其适用的壳体）以及所有黑光气体放电灯。
- 外部电缆。
- 含有耐火陶瓷纤维的零部件。
- 包含放射性元素的零件（除去在豁免门槛之下的零部件以外）。
- 包含高关注物质的电解电容（高度大于 25 毫米，直径大于 25 毫米，或者类似体量的电解电容）[2]。

参考文献

1 The Milwaukee Electronics Companies (2005), *Understanding* the *Requirements* of the *European RoHS Directive* and *its Impact* on *Your Business* and *PCB Assembly*. Available at: www.meccompanies.com/european-rohs-pcb-assembly.html

2 European Parliament and The Council of the European Union (2003), Directive (2002/96)/EC of the European Parliament and of the Council of 27 January 2003 on Waste Electrical and Electronic Equipment (WEEE). In *Official Journal of the European Union*.